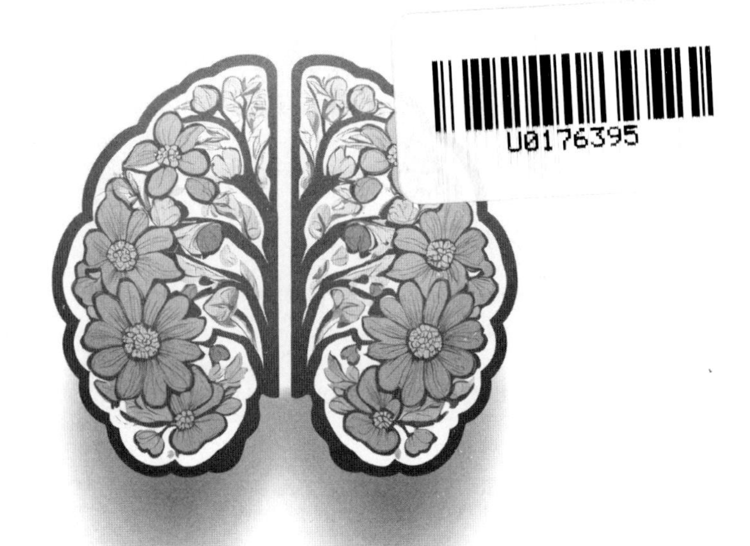

不老大脑

——AGING AGELESSLY——

Busting the Myth of Age-Related Mental Decline

保持大脑年轻敏锐的科学方法

[英] 东尼・博赞 | [英] 雷蒙德・基恩——著
Tony Buzan　Raymond Keene

张璋——译

中信出版集团 | 北京

图书在版编目（CIP）数据

不老大脑：保持大脑年轻敏锐的科学方法 /（英）东尼·博赞，（英）雷蒙德·基恩著；张璋译．-- 北京：中信出版社，2024.5

书名原文：Aging Agelessly: Busting the Myth of Age-Related Mental Decline

ISBN 978-7-5217-6469-7

Ⅰ．①不… Ⅱ．①东… ②雷… ③张… Ⅲ．①脑科学 Ⅳ．① Q983

中国国家版本馆 CIP 数据核字（2024）第 059641 号

不老大脑——保持大脑年轻敏锐的科学方法
著者：［英］东尼·博赞 ［英］雷蒙德·基恩
译者：张璋
出版发行：中信出版集团股份有限公司
（北京市朝阳区东三环北路 27 号嘉铭中心 邮编 100020）
承印者：嘉业印刷（天津）有限公司

开本：880mm×1230mm 1/32　印张：8.25　字数：172 千字
版次：2024 年 5 月第 1 版　印次：2024 年 5 月第 1 次印刷
京权图字：01–2024–1774　书号：ISBN 978–7–5217–6469–7
定价：59.00 元

服务热线：400–600–8099
投稿邮箱：author@citicpub.com

目录

序言

琼·博赞

随着年龄增长，你不会越来越衰老，而会越来越好。

我们之中有很多人仍然相信一些广泛流传的谬论，这些错误的观点认为，随着年龄增长，我们的心智能力必然会下降。你是否仍然以为自己一生中的每一天，脑细胞都会不断死亡？是否仍然以为随着年龄的增长，自己的脑力一定会逐渐衰退，直到最后，只要年纪足够大的话，就会进入“老糊涂”状态？

多年以来，我一直以为这些说法是真的，如果你和我一样，没关系，有几十亿人都是这么想的。

并非那些专家故意误导我们——他们确实相信自己的说法。据说，这些说法源自多年前从事尸检工作的两位年轻医生，他们发现老年死者的大脑重量通常比年轻死者的大脑重量轻一些。“这就是老年人心智能力下降的原因。”其中一位医生说。根据这个看似合理但并不科学的推论，“老年人的脑力一定会衰退”的假设变成了公认的“事实”。

这个故事可能是虚构的，但这个“我们一生中会持续失去数以百万计的脑细胞”的理论多年来一直被广泛接受。在很大程度上，现在仍然如此。

改变你的人生

关于年龄增长与脑力衰退之间的关系，近期研究发现的真相显然更容易令人接受，了解这一真相可以改变我们的一生。

首先，我们的心智（或者叫智力、才智）并不是由数量有限的脑细胞构成的。传统观念认为每天都有一部分脑细胞会死亡，而且无法再生。实际上，你的大脑重约3.5磅（1.6千克），是一台能力惊人的超级计算机，而它的能力到底有多强，要看你的脑细胞之间建立了多少突触连接。亲爱的读者，大脑的主人，这个连接数量的增长潜力是无限的！

那么，你可能会问，尸检中发现老年人大脑重量减轻怎么解释呢？我认为，这可能只是因为随着人的身体变老，体液的总量减少了。而且这种情况是可以避免的。毕竟，我们中又有多少人真正做到了像医生建议的那样，每天喝8杯水来补充体液呢？

还有另一个更严重的原因，它也导致了这种错误理论广泛流传。智商测试刚出现的时候，心理学家进行了一些研究，将老年人和年轻人的智商进行对比，并以此"证明"年轻人要比老年人聪明得多。他们就这样得出了结论：心智能力会随着年龄增长而下降。

这些横向研究是以非常简单的方式进行的——事实上，简单过头了！只有两组人——分别是老年人和年轻人——接受了限时的智商测试。因为接受测试的年轻人表现始终优于老年人，心理学家得出的结论就是，人的智力必然会随着年龄增长而下降。

后来，有些明智的心理学家尝试改进这项研究，他们取消了时间限制。与年轻人相比，老年人完成测试用的时间要稍长一些，但他们的得分明显更高。老年人完成智商测试需要更多时间，这有两个原因：首先，老年人不熟悉智商测试中使用的题目形式，而年轻人则对这些题目形式司空见惯；其次，老年人的大脑包含了更长时间内积累的经验，所以他们在思考问题时需要处理更多的信息。

认识大脑 | 掌控自己变老的过程

变老并不意味着只能听天由命，每个人都可以成为主角，掌控自己变老的过程。

——保罗 · B. 巴尔特斯、玛格丽特 · M. 巴尔特斯

《成功变老——从行为科学视角看年龄增长》

（*Successful Aging: Perspectives from the Behavioral Sciences*）

最终，心理学家设计出了一种采用纵向研究方式的智商测试，他们每年对相同的对象进行测试，持续多年，将每个人的智商测试结果与他们自己之前的结果进行对比。你猜结论是什么？人们的智商在很多方面都会随着年龄的增长逐步提升。

想想吧，这个令人兴奋的新消息意味着什么？只要你相信

自己，持续刺激自己的大脑，你就真的不会越来越衰老，而是会越来越好！

自由意志的力量

不列颠哥伦比亚大学的遗传学家大卫·铃木教授（他现在已经退休了）有一个极具说服力的观点：在决定人的性格品质这件事上，虽然基因确实会发挥基础的作用，但“真正重要的基因不是那些决定我们行为模式的基因，而是那些让我们有能力根据所处的不同环境改变自己行为模式的基因”。

换句话说，有些基因会创造被我们称为“自由意志”的可贵品质。铃木声称，高等哺乳动物的整个进化过程，就是基因把控制权转交给大脑的过程，通过这一过程，人们变得越来越能够独立于基因、遵从自身的意志来行动。

自由意志与决定论之间的矛盾贯穿了从古至今的哲学争论，并在不同时期呈现出不同的形式。例如，17 世纪的哲学家斯宾诺莎在其著作《伦理学》中提出，“自由意志”这种东西根本不存在，人的一切境遇都是由绝对的逻辑必然性支配的：世上发生的一切都是上帝本性的显现，而且在逻辑上，一切事件都只能是实际已发生的样子，而不可能是其他情况。其他哲学家不太赞同这种死板的决定论体系，它似乎将我们置于一个像钟表一样运转的宇宙之中，这个宇宙的“上帝”在时间开始时松开发条，我们都只能沿着预先确定的路径进行规律的移动，直到发条的力量消耗完毕为止。

自由意志与决定论之间还有另一个矛盾点，那就是先天因素与后天因素哪一个更重要。我们只是祖先的遗传物质中一部分精华的延续吗？又或者，我们可以受所处环境的影响，被后天因素塑造吗？那些倾向于决定论的人可能会争辩说，人类有精确的潜力上限，这在受孕时就已经由遗传物质确定了，而几乎没有什么后天因素可以提升这种上限。显然，遗传是一个重要的因素，特别是在身体发育方面：如果父母的身高都低于平均水平，孩子就不太可能成为篮球冠军。然而，在智力发育方面，大脑完全有能力吸收数量巨大的信息，而且受到的刺激越多，就有越大的发展潜力，在任何年龄段都是如此！例如，在第四章中，我们介绍了重要的 TEFCAS 模型，其重点在于你做出改变和调整的能力。

两位作者在本书中探索了日益丰硕的研究成果，这些成果都支持一个新的理论：大脑会因良性刺激而茁壮成长。大脑获得的刺激越多，就会进化得越强大——在它发育的每个阶段都是这样。

人人都是潜在的达·芬奇

每个人都是潜在的达·芬奇！

文艺复兴时期伟大的雕塑家米开朗琪罗在谈及自己的作品时说：“雕像原本就在石头里，我只是把它释放出来。”我们可以用同样的方式来看待人类心智能力的持续发展。

如果你按照合理的方式来使用你的大脑（本书的两位作者在本书中为此制定了详细恰当的策略），你大脑发展的潜力就会是无限的。

认识大脑 | 优雅老去的关键因素

从米开朗琪罗到玛莎·格雷厄姆，历史上有很多在晚年取得了辉煌成就的例子。他们在晚年成就卓越的关键因素包括：

- **坚持社交活动。**在脑力衰退的人当中，那些退出社交生活的老年人的衰退速度是最快的。
- **保持头脑活跃。**那些受过良好教育并始终对智力活动保持兴趣的人，常常会在老年时继续提升语言方面的心智能力。
- **性格灵活开放。**有研究发现，那些在中年时最能包容新观念、享受新体验的人，在老年时也能保持最敏锐的心智。

新观点用研究数据抨击了大脑会随年龄增长而急剧退化的传统观念。普遍存在的关于老年人大脑中会出现毁灭性的脑细胞损失，以及每次饮酒都会损伤大量脑细胞的观念，如今看来是没有根据的。加州大学伯克利分校的神经解剖学家玛丽昂·戴蒙德试图追溯它们的来源，但没有找到任何曾提出过这些观念的可靠研究。

——《国际先驱论坛报》

游泳记录证明，年龄不是速度的障碍

2021 年 12 月，世界大师游泳锦标赛（长池比赛）统计数据显示，50 米自由泳男子组 35~39 岁选手最佳成绩为 22.76 秒，55~59 岁选手为 24.45 秒，80~84 岁选手为 31.96 秒。随着年龄增长，身体机能的衰退幅度小得惊人。女子组纪录在所有年龄阶段平均比男性慢 3~5 秒，但成绩随着年龄增长而下降的幅度同样很小。

前言

40岁以下的人不准读我的书。

——摩西·迈蒙尼德《迷途指津》

我们积极鼓励8岁到118岁以及年龄更大的

每一个人阅读我们的书。

——东尼·博赞与雷蒙德·基恩

本书主要面向现在四五十岁的人，他们在全世界的发达国家中拥有巨大的影响力。与此同时，本书也面向那些年过50却仍有雄心追求成功的人。当然，许多关于如何提升心智能力的书，都同样适用于8岁到80岁的读者，甚至适用于年过百岁的老人！开始努力永远不会太早，也同样不会太晚。

本书的核心是专门为各位读者准备的实用建议，我们会针对你关于未来的渴望与恐惧，提出解决方案。毫无疑问，你肯定想知道如何才能在中年之后保持身心健康，从而更好地应对来自年青一代的激烈竞争，扭转那些你经常遭遇的负面刻板印象，比如“老人的经验无法代替年轻人的活力和适应能力”。一言以蔽之，你希望能够最大限度地发挥自己的潜力，不想仅仅因为年华流逝就被扔进垃圾堆。

我们会列举一些在高龄时达成巅峰成就的卓越范例，以此证明我们建议的合理性。这种类型的名人逸事会为严肃的文字增光添彩，从而鼓励你行动起来。

本书主要包括以下三方面内容：

1. 本书为全球人口老龄化这一严峻问题提供了有力的解决方案。它像一声响亮的号角，平息你对自身衰老的担忧，你绝不会忽视这声号角，而且会马上意识到这是向你本人发出的信号。

2. 本书提供了一系列刺激大脑的方法，并鼓励你保持身心强健、远离疾病。请记住：你越多去刺激自己的大脑，你的脑力就会越强，你有机会获得的成就也越大。

3. 本书通过现实生活中的先例强调了以上信息，展示了那些在人生的中老年阶段才开始追求成功的人（比如那些直到正规学校或大学教育结束后很久，才真正学会了如何学习或者如何独立思考的人）可以取得多高的成就。我们也记录了那些直到老年才崭露头角的人，或是早已成功而老当益壮的人的崇高事迹。这些鼓舞人心的例子包括：一位100岁的澳大利亚老奶奶打破了游泳纪录；古希腊的剧作家索福克勒斯面对儿子为争夺家产而发起的恶意诉讼，在90岁高龄时成功为自己辩护。

认识大脑 | 代价高昂的悲歌：英国被抛弃的 50 岁人群

今年，我的很多朋友都正好年满 50。有一两个人发财致富，功成名就，他们举办了非常热闹的 50 岁生日派对。同龄的客人们却讲述了不同的人生故事。对于更多人来说，年满 50 这件事正在终结他们的职业生涯。他们原本以为自己的职业生涯可以持续更长时间，甚至希望能够获得更大发展。然而，出乎他们意料的是，企业却将他们视为最新的瘦身计划中需要被甩掉的脂肪。有些人成了跨国公司大规模裁减中层管理人员的受害者，而公司制定裁员名单时，在员工信息搜索程序里输入的第一个参数往往就是年龄。为了给新生力量让路，经验丰富的专业人士被排除在商业主流之外，发现自己在企业准备降低成本时处于极为尴尬的境地。年龄相近的一代人——以男性为主——正在从企业管理架构的金字塔上跌落。

——格雷厄姆·萨金特写于《泰晤士报》

挑战常规观念

现在，人们对青春的崇拜比过去任何时候都更加狂热，甚至倾向于把 50 多岁甚至 40 多岁的人都扔进垃圾堆，给年轻人让路。

然而，我们从人类历史中认识到的一切都在反对这种常规观念。我们对从古至今的伟人们进行了长达数十年的研究，在研究过程中我们一次又一次地被他们震撼。在常规观念中头脑必然变得迟钝的老年时期，他们仍表现出非凡的意志力、活力、雄心，而且动力十足。我们还注意到一件令人惊奇的事：那些伟大天才的创作水平往往会随着他们年龄的增长而提升。歌德、莎士比亚、贝多芬和米开朗琪罗都是这样，很多时候，他们的巅峰巨作就是他们在垂暮之年创作的人生最后一部作品。

本书作者之一东尼·博赞在他的全球巡回演讲中见到了很多年长的观众，他们强烈的好奇心和学习意愿给东尼·博赞留下了越来越深刻的印象。这与“老年人抗拒新信息和新技术”的刻板印象是矛盾的。

关于变老的科学与医学研究

本书引用了很多令人鼓舞的研究成果，它们都与我们关于变老的新观点相符。多个不同的研究结论都表明，随着年龄增长，通过以妥善而正确的方式使用大脑，你可以从生理上让大脑发生改变，增加并优化脑细胞之间的突触连接，从而增强大脑的联想能力。

爱因斯坦去世后，对其大脑的解剖结果就是一个明证。据说，爱因斯坦的大脑中神经胶质细胞的数量比普通人多400%。因为神经胶质细胞的专有功能就是支持大脑回路的相互连接，所以这会增强爱因斯坦的联想力，使他拥有远超常人的在从表面上看并无关系的事物之间建立关联的能力。当然，爱因斯坦在这方面可能是个特例，但这一发现对所有人来说都是振奋人心的。

持续挑战的益处

我们要消除“大脑会随年龄增长而不可避免地衰退”的误解。有种很常见的说法，认为随着年华老去，每个人每天都会失去数以百万计的脑细胞。这完全是假的。这只是一个反复循环、以讹传讹的古旧谣言，没有任何实质性的证据。我们会引用经过缜密研究的科学报告，把它们当作证据，驳斥这个有害的谣言。事实上，我们可以以适当的方式锻炼大脑，从而增加我们脑中的突触连接。持续挑战并解决问题可以从生理上改善你大脑的状态。

越年长，越明智

过去，人类社会中曾经有过各种对老年人的尊称，例如：族长、女族长、祭司、智者、长者、圣贤、先知等。与之相反的是，在现代社会中，老年人的性格特征通常都被描述为负面的刻板印象，如刚愎自用、冥顽不化、僵化死板等。

这种情况是怎么出现的呢？这种负面的描述只不过是换了种方式来表示那些原本应该被认为是正面品质的东西。例如，老年人的“顽固”就本可以被表述为“意志坚定”。我们应当重新定义这些针对老年人的贬义说法，从而揭示它们隐含的积极意义，这非常重要。

改善大脑的方法

最先要推荐的当然是锻炼身体，锻炼项目中要包含有氧运动。与此同时，均衡饮食的重要性、吸烟和酗酒的有害影响也都不容忽视。另外，我们还有一个极为重要的建议：进行心智锻炼。我们提倡进行智力运动、解智力题和玩智力游戏，这些脑力锻炼就像健身操一样，可以让你的心智保持活跃，并通过接受挑战来提升能力。我们研究了强化记忆和创造力的技巧，以证明这些技巧能够帮助 50 多岁或更大年龄的人，让他们能够与年轻的对手进行脑力竞争甚至智胜他们。另一方面，当前的医学理论认为，阿尔茨海默病的本质可能是随着年龄增长，不活跃的大脑进入了腐朽状态。我们会探索这一理论，并分析是否可能存在一些对阿尔茨海默病有效的防御系统，甚至逆转阿尔茨海默病的方法，以及这些系统和方法的具体内容可能是什么。

我们的计划中包含了切实可行的步骤和详细具体的例子。

我们的目标是，鼓励读者重新对自己感到自豪，挑战并拓展读者的想象力、创造力，最终让他们取得更高的成就。读者难免会问：我该怎么让自己马上行动起来呢？我们在书中也提供了实用的建议，帮助读者防止大脑随着时间推移而退化！

有氧运动

有氧运动对于提高氧气在身体各处的输送效率有极大的作用。有氧运动有很多形式，例如快步走、高强度壁球运动、游泳、骑自行车、跳绳和负重循环训练等。

在第七章和第八章中，我们提供了全面的建议，帮助你保持并改善心血管健康。

智力运动

在讨论了锻炼身体，并强调了一个很少被人意识到的事实（大脑实际上也是身体的一部分）之后，我们继续讨论了另一个重要领域：对大脑进行积极的刺激。这方面的一些重要具体措施包括进行智力运动、解智力题和玩智力游戏。

几十年来，报纸和杂志上一直会登载整页的智力挑战类内容，以满足读者对此类内容永无休止的需求。这是有原因的。即使在当今篇幅已大为缩减的报纸和杂志上，你也会经常发现填字游戏、数独、拼词游戏、国际象棋残局挑战等内容。报纸和杂志的编辑们意识到，读者需要且渴望阅读这些内容，既是为了娱乐，也是因为想要锻炼脑力。

记忆系统

我们还展示了几种可以在日常生活中使用的简单有效的记忆系统，包括“记忆剧场”和东尼·博赞的专利发明——丰富多彩的思维导图（它可以帮助你记住复杂的公式、列表、课堂笔记，还有为测试、考试或演讲所做的笔记）。思维导图既有趣又令人兴奋，而且具备极高的应用价值。

创造力

如何提升创造力？人们普遍认为，大多数人在 40 岁之后创造力都会下降。学术界也流行类似的看法，例如，据说所有有价值的数学研究都是研究者在 26 岁之前完成的。事实上，大多数人关于创造力的想法都陷入了恶性循环，他们误以为大脑累计产出的创意数量越多，新创意的质量就越差——也就是说，越往后质量越差。二位作者在本书中戏剧性地揭穿了这些广泛流传的谬论，告诉我们创造力并不一定会随着年龄增长而下降。那些听了东尼·博赞讲座的人表示，他在这个话题上给出了“足以改变人生”的重大启示。

认识大脑 | 智慧的象征

为什么智力游戏，尤其是国际象棋，对人类来说如此重要？纵观人类文明的历史，玩智力游戏的能力通常被认为与人的智力水平紧密相关，而智力游戏的来历也颇为不凡。根据大英博物馆西亚文物部门的欧文·芬克尔博士所说，在巴勒斯坦和约旦出土的游戏棋盘最早可以追溯到新石器时代，即公元前 7000 年左右。令人惊讶的是，这一年代比我们目前所知的文字和陶器传入当地的时间还要早。因为很多游戏棋盘是在墓葬中发现的，所以我们可以推断，当时的人很可能相信，死者的灵魂会与冥界的神灵下棋，在棋局中获胜就能让死者安全地进入死后世界。

如今，智力游戏不再被认为是死者需要完成的智商测试，但它们确实仍被看作智力水平的象征。

打破年龄壁垒

目前的遗传学观点是，人类的寿命是有限的，不同的人年龄上限也不同，从 85 岁到 125 岁不等。我们将引用最新的研究，探索这个终极的年龄壁垒是否可以被打破。这既是一个哲学问题，也是一个医学问题，在哲学和医学两方面都具有极其重要的意义。

性

我们探讨了大脑的年龄增长对性、爱情与浪漫的影响。70岁时的性爱会变得比年轻时更好吗？我们的研究显示，如果你能保持身体健康和精神敏锐，你的性生活带来的乐趣不但不会随岁月更迭而衰减，反而会不断增加。

伟大的老人

我们回顾了那些伟大老人的例子，包括艺术家、领袖、智力运动冠军以及获得其他方面成就的人，他们随着年龄增长仍然不断取得明显的进步，例如莎士比亚、歌德、贝多芬、勃拉姆斯和米开朗琪罗等。我们还举了一些在老年时取得杰出成就的人的例子，它们或新奇独特，或引人入胜，令本书更具趣味。例如19世纪的板球运动员查尔斯·阿布索隆，他在60岁到90岁之间拿下了8 500个三柱门，并在一级板球比赛中完成了26 000次得分跑。57岁时，他在一个赛季内就拿下了500个三柱门。我们还关注老年人在智力运动中的惊人表现，以及老年运动会上的运动员们创下的非凡纪录。

统计数据

统计数据显示，那些在各个层面上为身体健康付出切实努力的老年人，在速度、耐力、力量和灵活性方面都能够取得巨大的进步和提升。

结论

本书的核心观点极为惊人，是对传统思维的颠覆：如果使用得当，你的大脑会随着年龄增长而渐入佳境。我们会向你展示其他人是怎样做到这一点的，而且会提供有效方法，让你也能做到这一点。

你如果认真思考，会发现我们革命性的新论点其实符合简单的逻辑：老年人经历过的事情要比年轻人更多，而非更少，所以如果要与年青一代进行脑力方面的竞争，老年人在接受再教育或被迫参与竞争时，适应能力会比年轻人更强，而非更弱。

保持竞争优势

很多人对退休心怀畏惧，同时又觉得自己有很多经验，还有能力为社会做很多事，但他们的经验和能力却被浪费了。本书以最新的科研成果为依据，清晰简洁地阐明了随着年龄的增长，你的思考力、创造力和整体潜力都可以获得提升而非衰减。很多有大量空闲时间的人仍然充满热情地相信自己有能力取得令人瞩目的成绩。传统的“终身职位”概念已不复存在，当下的趋势证明了保持适应力和竞争力是很有必要的。我们将为你展示如何做到这一切！

全球大趋势与你的生活

世界人口正在老龄化。人们的生育率持续下降，而预期寿命则逐渐延长。根据世界卫生组织（WHO）报告，“这种人口变化导致60岁以上人口的数量和比例持续增加，因此，我们即将迎来人类历史上首次老年人口多于青年人口的状况”。很多人目前已经四五十岁了，到老年人口多于青年人口的时候，他们也将成为老年人，这些人都想知道那个时候的未来会是什么样的。世界各国政府也都在考虑该如何最好地利用老龄化人口、关爱老龄化人口，并从老龄化人口中受益。老年人会成为国家和全球经济的负担吗？又或者他们可以成为发展的资源？在全球80亿人口中，很快60岁以上人口的比例就会超过50%。

我们都属于这一代人。我们了解这些问题，并制订了我们自己的具体解决方案。所以，我们会以诚恳的态度介绍自己的解决方案。我们不是在提出假设性的社会议题，而是在言行一致地宣传自身的实践成果！

我该怎么做？

从读这本书开始！从现在开始，在每一章的结尾处，我们都会提供切实可行的步骤和详细具体的例子，帮助你持续发展心智能力。人们身体（包括大脑）功能的下降，通常在不同程度上是以下原因导致的：

1. 缺乏运动，饮食不健康。
2. 吸烟，酗酒。
3. 遵循他人预期的行为模式行事（比如常规观念中的“老年人就该这样”），而不是跟随自己的实际感受行事。

如果你能解决以上各项问题，你就能拥有更充实的生活。本书将告诉你，为了实现这个目标，你该做哪些事，不该做哪些事。

如果你能激励自己，努力持续刺激自己的大脑，保持身心健康，你也可以成为伟大的老人。

认识大脑 | 延迟退休

在英国，从 50 岁到可领取国家养老金的年龄之间的人群中，仍在工作的比例将从 2012 年的 26% 增长到

2050 年的 34%，增加的人数将超过 550 万。这一方面是因为可领取国家养老金的规定年龄在增长，另一方面则是因为“婴儿潮一代”正在进入这个年龄段。

因此，英国在生产力和经济方面的成功将越来越取决于老龄劳动力群体的生产力和成效。鼓励老年人继续工作，将有助于社会支持越来越多需要供养的人，同时为每个人提供度过更长的退休时间所需的财务和精神资源。目前，50 岁、60 岁和 65 岁的就业率分别为 86%、65% 和 31%。需要人们优先处理的领域包括：

- 支持老龄化人口过上更充实、更长久的工作生活。这意味着需要对导致不同人口群体中的老年人就业率出现差异的因素进行研究。
- 工作场所的调整。这包括消除对老年工作者及其健康需求的负面态度，改良工作场所设计以适应老龄人群，鼓励使用新技术，以及调整人力资源方面的政策。
- 确保个人可以在人生新阶段掌握新的工作技能。随着工作年龄的延长和工作场所的重大变化，与工作相关的培训对于中年人来说，几乎变得和他们处于职业生涯初期时一样重要。这就要求英国转向一种新模式，在个人的整个职业生涯中持续提供职业培训和新技能培训的机会。

——英国政府科学办公室《人口老龄化的未来》

第一章

全新理念的起源

教育在顺境中是装饰物，在逆境中是避难所。教育是对晚年最有帮助的供给品。受过教育的男女远优于未受过教育的人，正如生者远优于死者。

——亚里士多德

本书的两位作者虽然远隔重洋，却在同一时间开始对同一个问题着迷，本章解释了此事的缘由。这个令人着迷的问题就是：为什么我们总是听说人的大脑在 26 岁时就会完成全部发育，但我们的研究对象，即那些伟大的天才，他们的大脑能力却明显随着时间的推移而变得越来越强大呢？

我们收集到的统计结果表明，大脑的内在潜力，无论是在微观层面上还是在宏观的解剖学层面上，都远比常规理论估计的潜力大得多。由此我们可以得出一个必然的结论：在人的一生中，大脑的提升潜力被系统性地大大低估了。这个结论中充满了希望，特别是在当下，我们正面临世界人口老龄化带来的挑战和机遇，这个结论是关于人类前景最好的预兆之一。

本书的起源可以追溯到三个特定的时刻，它们跨越了十几年的时间，最终交汇融合，像点燃火焰一样创造出了一个全新的理念。

第一个时刻

这三个特定时刻中的第一个，发生于东尼·博赞担任门萨高智商协会官方杂志国际版的编辑时。当时门萨协会请博赞分析处理他收集到的有关人类大脑和智力的信息，并根据结果给出建议。博赞发现了以下现象：

在生物化学、数学、物理学、心理学和哲学等众多不同学科中，研究人员发现他们不可避免地被吸引到了同一个如旋涡般复杂而发展迅猛的研究领域：大脑、心智与身体三者间的关系，以及大脑的发展潜力问题。与此同时，边缘科学的发展也对传统的研究结论提出了巨大的挑战。

我们现在已确切知道，人类心智的结构极为复杂，由多层互相连接的网络交织而成，它可以有意识地控制心跳、呼吸、体内器官运转和脑电波。还有证据表明，心智对身体机能的控制范围比我们过去估计的更广。

学术研究人员进行了关于记忆和回忆的实验，结果表明，大脑的基本能力是存储能力。受试者的大脑在接受电信号探测后，产生了完整的、多感官综合的回忆，这些回忆是随机触发的，其时间范围涵盖了受试者的一生。此外，最近关于助记系统的研究表明，即使没有电信号介入，大脑也能记住多达 7 000 个不相关的对象。大脑可以按正序、倒序或随机顺序记忆这些对象，即使需要记忆的对象数量继续增加，大脑的性能也不会下降。

鉴于此，我们必须对人类的学习能力和潜力重新进行全面的评估。首要课题之一是如何最有效地锻炼我们的思维器官——大脑。根据当前的研究结果，大脑使用联想创造记忆连接的潜力几乎是没有上限的。既然大脑有如此强大的能力，我们用于锻炼大脑能力的传统方式，即那种标准化、僵化、线性的方式，显然就不再适用了。

同样明显的是，当前用于测试大脑能力的标准心理学方法即使不能完全取消，也必须彻底改变。例如，我们已经意识到了即使没有外界的帮助，大脑也能自行创造出多维的、全息的、绚丽的、既包含原始信息又包含其投影的图像，那么继续采用传统方式，通过大脑被迫做出的对墨迹形状的反应来判断它的能力，就很可笑了。大脑这种创造图像的能力被贴上了“白日梦”、“幻觉”甚至“疯狂”的标签，它要么被忽视、被认为是理所当然的，要么被轻视、被认为是不足为奇的。但是，我们并不需要很敏锐的洞察力就能意识到，任何能够在同一时刻既进行创造又观察自己的创造物的器官，都蕴含着极其惊人的巨大能量。

与之类似，用标准化的“智商”（IQ）测试来衡量人的整体能力也是荒谬的。我们不应该继续使用这些陈旧的工具来衡量某些人是否比其他人更加“有趣”和“有能力”，现在是该进步的时候了。现在，我们应该看清男人、女人和宇宙的本来面目：极度复杂，具有无穷的魅力，值得被理解，而不是被分门别类、被割裂开来。

第二个时刻

在东尼·博赞担任门萨协会官方杂志国际版的编辑，并思考他收集到的那些关于人类大脑的信息的重要意义的同时，本书的另一位作者雷蒙德·基恩正在剑桥大学三一学院研究欧洲文学、语言、历史和文化，他最主要的研究对象是德国最杰出的天才：约翰·沃尔夫冈·冯·歌德。雷蒙德感到震惊，因为他发现了一个异常现象，这一现象的后果显然非常严重：在他所处的学术环境中，人们不断地告诉他，人类创造力的火焰通常会在26岁时“熄灭”。还有一种普遍的说法认为，国际象棋棋手（棋手是雷蒙德的第二职业）会在26岁时达到顶峰，然后就“走下坡路”了。实际上，国际象棋棋手之间经常会用“像40岁的人一样思考”这句话来贬低别人的脑力。

然而，尴尬的是，这些学术圈的陈词滥调与事实并不相符。事实是，雷蒙德研究的那些人——国际象棋冠军、艺术家、作家、在多个领域成就卓越的名人，以及鼓舞人心的伟人和天才——会随年龄增长而创造出更出色的作品。这并非特例，而是他们的常态。很多时候，艺术家最伟大的作品，那部使他之前的所有作品相形见绌的杰作，正是他最后的作品，经常是艺术家在暮年时才完成的。

所有伟大的头脑似乎都有清晰的创作愿景和目标，为了努力实现这些愿景和目标，他们会展现出令人难以置信的巨大决心与强韧毅力。

如果有人对此表示怀疑，那么他只要按时间顺序排列，去查看那些杰作是作者在什么年龄段创作出来的，就会明白这一点的正确性。谁会否认贝多芬的《第九交响曲》（他一共只写了 9 部交响曲）标志着他的创作巅峰呢？谁会否认《浮士德》的第二部（只有两部）是歌德最深邃、最宏大的作品呢？这样的例子可以一直罗列下去……莎士比亚的晚期戏剧，特别是《暴风雨》（他的最后一部剧作），是他最瑰丽玄妙的作品。列奥纳多·达·芬奇 50 多岁时才开始画《蒙娜丽莎》。米开朗琪罗 71 岁时才受聘于教皇，开始担任罗马圣彼得大教堂的首席建筑师。勃拉姆斯 51 岁时创作了《第四交响曲》（他只写了 4 部交响曲），这部作品结构之宏伟，旋律、和声与调性之丰富都超越了他之前的所有作品。事实上，勃拉姆斯直到 43 岁时才创作出他的第一部交响曲，即《第一交响曲》。米玛尔·希南生活在奥斯曼帝国的伊斯坦布尔，是苏丹的首席建筑师，他在大约 80 岁时才建造了他的荣耀之作——位于埃迪尔内的塞利米耶清真寺。

显然，有一些严重的误解正在大众的集体潜意识中加深。学者们给学生灌输一套“年纪越大脑力越差”的理论，但他们给学生讲授的这些伟大作品的创作背景却成为反驳他们的理论的论据。这种现象需要我们去调查、去质疑。

第三个时刻

第三个重要的时刻是在1986年4月，当时一个名为“转折点”（Turning Point）的组织在斯德哥尔摩举办月度会议，他们邀请东尼·博赞发表演讲。顾名思义，“转折点”的成员是一群认为人类乃至整个地球正处在转折点上的人。无论是作为个人还是作为群体，他们都需要获取尽可能多的信息，从而帮助他们为全人类的未来做出积极的贡献。在东尼·博赞关于大脑的讲座中，他发放了一份调查问卷。这份调查问卷请在场的“转折点”成员给自己各方面的情况打分，包括学习能力、智力、总体自我评价以及对未来的预期等方面，满分100分。

结果显示，每个方面的平均分在60到70分之间。

这当然是高于全体人群的平均水平的，但远低于我们对“转折点”成员分数抱有的预期——他们会走到一起，成立“转折点”这个组织，就是因为他们相信未来，而且也相信自己能为未来做出贡献。

在东尼继续讨论大脑与未来的同时，他也在研究这样一个问题：如何才能以一种不断自我更新、自我扩展的方式，帮助像“转折点”成员这样早已过了在校学习阶段的个人（实际上帮助的对象应包括所有个人和群体），发挥他们惊人的天赋？

学习、思考和自我完善的过程当然不会因为正规教育的结束而停止。

提升脑力的好消息

这些经历促使两位作者先是分别收集，后来又共同收集了关于人类是什么以及人类有着怎样的潜能的资料。

如果你也想要让自己的大脑和心智表现不断提升，那么本书为你提供了方法。本书适合任何希望取得自己大脑的掌控权，并希望在人生中的任何年龄段（从 8 岁到 80 岁，甚至更大年纪）充分运用大脑的人。

越来越多的研究证明，大脑的创造力和记忆力几乎是无限的，而且随着年龄的增长，脑力并不是必然会下降的，实际上，脑力反而能够随年龄增长而提升。本书就是要告诉你如何做到这一点。

我该怎么做？

首先，阅读下一章，通过估算确定你的预期寿命。然后你就可以致力于延长预期寿命，并最大限度地提升你剩余生命的质量。

认识大脑 | 关于脑力

要解释大脑研究当前的进展，似乎无论用什么最高级的形容词都不为过……哈佛大学神经生物学教授杰拉尔德·菲沙赫认为，探究人类境况的哲学家们不能再像以前一样忽视大脑实验的成果了，这些实验在所有科学研究中是“最紧迫、最具挑战性，也最令人兴奋的”。他表示：“我们的生存前景，甚至整个地球的未来，都取决于对人类心智更全面的了解。”

人类大脑的重量和一袋糖差不多，约为体重的 2%，但它在人体能量需求中的占比却高达 20%。

每个人的大脑里都有数以百亿计的神经细胞。

神经细胞可以与多达 10 万个其他神经细胞建立连接。如果我们以每秒一个的速度来统计人类大脑皮质（也就是外层）的神经连接数量，需要 3 200 万年。

神经连接涉及几十种不同的神经递质，人脑是人类目前已知的最复杂的生理结构。

古希腊哲学家柏拉图出生于约公元前 427 年，他在人类历史上最先得出了关于大脑的正确结论，如他所说，大脑是“感知、听觉、视觉和嗅觉的源头”。

——《独立报》周日评论

第二章

探索与预测寿命

耶和华说："人既属乎血气，我的灵就不
永远住在他里面，然而他的日子还
可到一百二十年。"

——《圣经·创世记》6:3

关于人类的寿命，普遍存在一些误解，本章号召读者对这些误解提出疑问、发起挑战。我们将向你介绍一些非凡的真实事例，让你了解人类在长寿方面可以达到怎样的水平。我们提供了一个基准测试，你可以用这个测试来计算自己的预期寿命，并了解如何通过改变你生活中的众多因素，对预期寿命进行适当的调整。

孔子的后裔

著名的中国哲学家孔子（公元前551年—公元前479年）流传下来的世系比任何其他家族都要久远。孔子的六世祖孔父嘉生活在公元前8世纪，而孔子的第80代嫡系后裔孔佑仁则于2006年出生于台北，在21世纪的中国台湾，延续着已有

2 500 多年历史的至圣先师血脉。

个人寿命

根据联合国的估计，2015 年全球百岁老人（含 100 岁及以上的人）数量近 50 万，是 1990 年的 4 倍多。预计此数据还会加速增长，到 2050 年，全球百岁老人总数将增至 370 万。15 岁以下儿童占总人口的比例预计将从 2010 年的 26.6% 下降到 2050 年的 21.3%，而 65 岁及以上的人口比例预计将翻一番，从 2010 年的 7.7% 上升到 2050 年的 15.6%（如图 2.1 所示）。

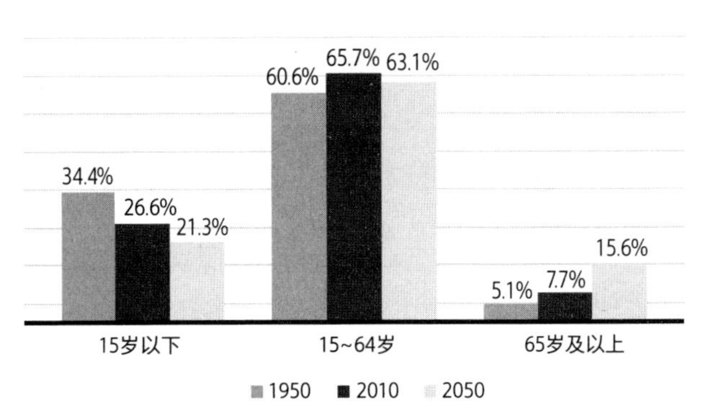

图 2.1　1950 年、2010 年、2050 年全球人口年龄分布图

在百岁老人的总人数方面，美国以 72 000 人居于世界首位，随后依次是日本、中国、印度和意大利。然而，在每万人中百岁老人的数量方面，日本居于世界首位，每万人中有 4.8 位百岁老人，随后依次是意大利（4.1 人）、美国（2.2 人）、中

国（0.3 人）和印度（0.2 人）。

有一份名为《老龄化世界：2015》的新报告，由美国国立卫生研究院（NIH）下属的国家老龄化研究所（NIA）委托美国人口普查局编制。根据此报告，2015 年全世界年龄在 65 岁及以上的人口占 8.5%（即 6.17 亿人），预计到 2050 年，该比例将翻一番，达到世界人口总数的近 17%。以下是该报告中的一些要点：

- 预计未来 30 年，美国 65 岁及以上人口数量将增加近一倍，从 4 800 万增至 2050 年的 8 800 万。
- 到 2050 年，全球新出生人口的平均预期寿命将增加近 8 岁，从 2015 年的 68.6 岁增至 76.2 岁。
- 到 2050 年，全球“高龄老年人口”（80 岁及以上）预计将增加至 2015 年的 3 倍以上，从 1.265 亿增至 4.466 亿。预计到 2050 年，部分亚洲和拉丁美洲国家的高龄老年人口将增至 2015 年的 4 倍。
- 全球老年人口最主要的健康问题是非传染性疾病。在低收入国家（尤其是很多非洲国家），老年人口的健康同时面临非传染性疾病和传染性疾病的巨大压力。
- 风险因素——例如吸烟、酗酒、蔬菜和水果食用量不足，以及缺乏身体锻炼等——直接或间接地造成了全球性的疾病负担。人们观察到风险因素也在发生变化，例如一些高收入国家的烟草消耗量下降了。目前，全世界吸烟者中大多数生活在低收入和中等收入国家。

随着人类预期寿命的延长，实现健康老龄化的重要性必然与日俱增。长寿当然是令人羡慕的，但我们的目标不只是活得更久，还要在这段时间里活得更好。

历史上最长寿的人

在本书写作时，人类有史以来可证实的最高寿命纪录是122岁零164天，纪录保持者是来自法国的让娜·路易丝·卡尔门。她生于1875年2月21日——大约比埃菲尔铁塔建成早14年，比电影发明早15年。大约在她出生后的第二年，亚历山大·格雷厄姆·贝尔申请了电话的专利，隔年，托尔斯泰出版了《安娜·卡列尼娜》。她曾经在她父亲的店里遇见过文森特·凡·高（凡·高于1890年7月29日去世）。

她的一些近亲也很长寿。她的兄弟活了97岁，她的父亲活了93岁，她的母亲活了86岁。

表2.1 世界长寿纪录

排名	国籍	寿命	姓名	出生日期	死亡日期
1	法国	122	让娜·路易丝·卡尔门	1875-2-21	1997-8-4
2	日本	120	泉重千代	1865-6-29	1986-2-21
3	美国	119	莎拉·克瑙斯	1880-9-24	1999-12-30

续表

排名	国籍	寿命	姓名	出生日期	死亡日期
4	日本	119	田中力子	1903–1–2	2022–4–19
5	法国	118	露西尔 · 兰登	1904–2–11	2023–1–27
6	日本	117	田岛奈美	1900–8–4	2018–4–21
7	加拿大	117	玛丽 – 路易丝 · 梅吕尔	1880–8–29	1998–4–16
8	牙买加	117	维奥莱特 · 布朗	1900–3–10	2017–9–15
9	日本	117	都千代	1901–5–21	2018–7–22
10	日本	117	大川美佐绪	1898–3–5	2015–4–1

惊人的长寿生物

有惊人长寿纪录的生物并非只有人类。世界上现存的年龄最大的生物体是植物，它是一片名字叫“潘多”的巨大的美洲颤杨森林，位于美国犹他州鱼湖国家森林保护区，估计已有超过 80 000 年的历史。

世界上现存最古老的单棵树是一棵加利福尼亚狐尾松，名为玛土撒拉，已有 4 800 多年的历史，它现在仍然很茂盛！当荷马创作《伊利亚特》的时候，当佛陀宣讲涅槃的时候，当基督在山上布道的时候，这棵树都已屹立于世。

世界上最古老的复活生物是一些曾在蜜蜂化石体内休眠的细菌孢子，它们在 4 000 万年后突然复活了。这次复活古生物的壮举是由微生物学家劳尔 · 卡诺和莫妮卡 · 博鲁茨基实现的，他们在位于圣路易斯－奥比斯波的加州州立理工大学做研究，这项研究于 1995 年初进行，目标是从树脂化石（也就是琥珀）中取出古代的小型无刺蜜蜂。

“永生水母”在长寿方面甚至更胜一筹：根据现有的研究，它们在理论上可以实现不老不死，只是沉入海底，然后返老还童，从头开始重新经历整个生命周期。

长寿测验：估算你的预期寿命

戴安娜·S. 伍德拉夫－帕克是一位心理学家，她相信我们都有活到 100 岁的能力。事实上，生物学家目前认为人类寿命的上限应该更高，可能高达 125 岁。确实，也有其他来源的观点支持他们的看法。尽管《圣经·诗篇》中给人类安排的寿命通常被认为是 70 岁（“一生的年日是七十岁”），但《圣经·创世记》则称人类的寿命“还可到一百二十年”。经过多年对长寿的研究，我们制作了下面的测验，帮助你估算自己的预期寿命。我们认为，那些在智力和体力方面都很活跃，而且保持知足常乐心态的人最有可能成为百岁老人。

首先在表中查找你当前的年龄。你会发现与之对应的基础预期寿命，这些数据来自保险精算师的计算。然后，回答下列问题，根据你的生活方式和个性可能对寿命产生的影响，在基础预期寿命上加减相应的年数。

女性的预期寿命比男性长大约 3 年（表 2.2 显示的是男性

基础预期寿命）。因此，女性应在表 2.2 所示的基础预期寿命上加 3 年。

表 2.2　基础预期寿命表

当前年龄	基础预期寿命	当前年龄	基础预期寿命	当前年龄	基础预期寿命
15	70.7	39	72.4	63	77.3
16	70.8	40	72.5	64	77.7
17	70.8	41	72.6	65	78.1
18	70.8	42	72.7	66	78.4
19	70.9	43	72.8	67	78.9
20	71.1	44	72.9	68	79.3
21	71.1	45	73.0	69	79.7
22	71.2	46	73.2	70	80.2
23	71.3	47	73.3	71	80.7
24	71.3	48	73.5	72	81.2
25	71.4	49	73.6	73	81.7
26	71.5	50	73.8	74	82.2
27	71.6	51	74.0	75	82.8
28	71.6	52	74.2	76	83.3
29	71.7	53	74.4	77	83.9
30	71.8	54	74.7	78	84.5
31	71.8	55	74.9	79	85.1
32	71.9	56	75.1	80	85.7
33	72.0	57	75.4	81	86.3
34	72.0	58	75.5	82	87.0
35	72.1	59	76.0	83	87.6
36	72.2	60	76.3	84	88.2
37	72.2	61	76.6		
38	72.3	62	77.0		

计算你的预期寿命

1. 你的祖父母、外祖父母中，每有一位寿命在 80 岁及以上的（包括已去世或仍在世而年龄达到 80 岁的），给你的预期寿命加 1 年。每有一位寿命在 70 岁及以上的，加半年。
2. 如果你的母亲寿命达到或超过 80 岁（包括已去世或仍在世而年龄达到 80 岁的），加 4 年。如果你的父亲寿命达到或超过 80 岁，加 2 年。
3. 如果你有姐妹、兄弟、父母或祖父母、外祖父母在 50 岁前死于心脏病、中风或动脉硬化，减 4 年；在 50 岁至 60 岁之间死亡的，减 2 年。
4. 有姐妹、兄弟、父母或祖父母、外祖父母在 60 岁前死于糖尿病或消化性溃疡的，减 3 年。如果有以上提到的近亲在 60 岁前死于胃癌，减 2 年。如果有以上提到的近亲在 60 岁前死于任何其他疾病（事故引起的伤病除外），减 1 年。
5. 不能生育或不打算生育的女性减半年。生育了 7 个以上孩子的女性减 1 年。
6. 如果你是长子或长女，加 1 年。
7. 如果你的智力高于平均水平（即智商超过 100），加 2 年。
8. 吸烟：如果吸烟但每天吸烟数量少于 20 支，减 2 年。

如果每天吸烟20~40支，减7年。如果每天吸烟超过40支，减12年。

9. 如果你每周有规律地享受一次或两次性生活，加2年。
10. 如果你每年会做全面体检，加2年。
11. 如果你超重（或曾经超重），减2年。
12. 如果你每晚睡眠时长超过10小时，或少于5小时，减2年。
13. 饮酒：每天一两杯威士忌，一品脱（约半升）葡萄酒，或者每天不超过4杯啤酒，算是适量饮酒，加3年。如果不是每天喝酒，加1.5年。如果你完全不喝酒，不加不减。饮酒过量甚至酗酒的人减8年。
14. 锻炼：每周锻炼3次（包括慢跑、骑自行车、游泳、快步走、跳舞、滑冰等），加3年。周末散步不算在内。
15. 你是否偏好简单清淡的食谱，而不是更丰盛、更油腻和脂肪含量更高的食谱？如果你可以诚实地回答"是"，而且吃饭时总是吃八分饱，加1年。
16. 如果你经常生病，减5年。
17. 教育水平：如果你在大学读到了硕士或更高学位，加3年。本科毕业，加2年。高中毕业，加1年。如果没有完成高中学业，不加不减。
18. 工作：如果你是专业人士，加1.5年。技术、管理、行政和农民，加1年。业主、店员和销售人员，不加不减。半熟练工，减半年。体力劳动者，减4年。

19. 如果你不是体力劳动者，但工作内容涉及大量体力劳动，加 2 年。如果你长期伏案工作，减 2 年。

20. 如果你居住在大都市，或者大半生都居住在大都市，减 1 年。如果你大部分时间都在乡村度过，加 1 年。

21. 如果你已婚并与配偶同居，加 1 年；如果你是与配偶分居或离异的独居男性，减 9 年；如果你是鳏夫且独居，减 7 年；如果你是鳏夫但与他人同住，则只需减上述数字的一半。与配偶分居或离婚的妇女，减 4 年；如果你是寡妇且独居，减 3.5 年；如果你是寡妇但与他人同住，则只减 2 年。

22. 如果你有一两位知心好友，加 1 年。

23. 如果你经常进行智力活动，加 2 年。

24. 如果你保持积极、现实的生活态度，加 4 年。

确定了以上的信息，你现在就可以计算自己的预期寿命了。如果你是女性，记得加上 3 年。

如果你保持当前的生活方式，这个测验的结果就是你目前的预期寿命。本书的后续部分将以各种方式鼓励你做出改变，指导你如何大幅度增加预期寿命，无论你现在的预期寿命是多少。

我该怎么做？

1. 如果你吸烟，先减少吸烟量，然后彻底戒烟（参见第四章）。

2. 每年做一次全面体检。
3. 如果你体重超重或体重过轻，请确定你的理想体重，并努力实现这个目标。你的具体理想体重请咨询医生。
4. 如果你饮酒过量，减少饮酒量。
5. 定期锻炼，特别是要做有氧运动，目标是每周锻炼3次，每次至少20分钟。
6. 进行智力运动，例如国际象棋、桥牌或围棋等。

你可能认为自己无法做到以上所有事情，甚至做不到其中任何一项，在第四章中我们将向你展示如何做到这些事！

认识大脑 | 关于酒精饮品

葡萄酒是最健康、最卫生的饮品。

——路易·巴斯德，法国科学家

因你胃口不清，屡次患病，再不要照常喝水，可以稍微用点酒。

——《圣经·提摩太前书》5:23

活到老的酒鬼比活到老的医生还多。

——本杰明·富兰克林

红葡萄酒可以作为日常饮食的一部分，只要不过量饮用就行，每天饮酒量不要超过半升。

——米歇尔·蒙蒂尼亚克，法国营养学家

第三章

延长你的预期寿命

如果我们的世界够大，时间够多……

——安德鲁·马维尔《致羞怯的情人》

本章中，我们将了解两种不同的方法，它们的目标都是保持活力和健康，并延长预期寿命，换句话说，就是“为自己创造更多时间”。第一种方法是 HRT（激素替代疗法）。这是一种好方法吗？我们表示怀疑，但它也可能会对你有益，值得你去研究和决定是否采用（当然要详细咨询你的医生）。我们更倾向于运用我们自己的身体和心智方面的资源来保持健康和青春。

我们在本章中列出了四五十岁的人最需要改善的 20 个心智表现领域，并为你展示了在每个领域进行改善的具体方法。但现在，我们先来讨论一些背景知识，了解各种能够让衰老时钟停摆甚至倒走的方法。

认识大脑 | 百岁老人也能有 45 岁的状态！

爱德华·伯奈斯最早提出了“公共关系”这个概念，

是公认的公共关系学之父。他 100 岁的时候，曾说自己当时的心理年龄“和 45 岁时没有什么不同”。他补充说：“当你到了 100 岁的时候，不要被它吓倒，因为一个人要经历很多不同的年龄，它们的时间顺序是无关紧要的。”

让衰老时钟停摆甚至倒走

“你到 60 岁时也能和 30 岁时一样充满活力！”

你是否经常听到有人说这种话，并接着开始推销号称能永葆青春的灵丹妙药？越来越多的医药公司开发出了各种各样的激素疗法（包括激素替代疗法和人类生长激素等），它们声称，不论男女，使用这些激素都能获得明显的好处，包括更充沛的体能、更持久的耐力、更强的性欲、更好的皮肤弹性（常见的说法是“恢复年轻状态”）、更强壮的骨骼，以及更强健的心脏功能。睾丸激素疗程（针对男性更年期）和雌激素疗程（对抗女性更年期）都很受欢迎，有些人声称它们有神奇的效果。

另一些人则指责这些医药公司只是江湖骗子，他们煽动对正常的衰老过程的恐慌，让人们接受原本不必要的医学治疗，并从中牟利。

例如，《时代》杂志上刊登的一篇文章就明确指出了 HRT 对女性的利弊：

雌激素确实是现代医学中最接近能永葆青春的灵丹妙药的东西——这种药物可以减缓衰老对女性的伤害。它已经成为美国使用最多的处方药，而且即将达到它的人口“甜蜜点”：数百万婴儿潮一代的女性正在步入更年期，经历第一次潮热……但今天的女性应该知道，就像所有其他灵丹妙药一样，这种药也有它黑暗的一面。

为了充分获得雌激素带来的益处，女性不只必须在更年期使用雌激素，而且在绝经后的几十年里仍然需要持续使用雌激素。这意味着需要终生使用药物，而且这么做有潜在的副作用，包括会增加罹患多种癌症的风险……要权衡这些风险与雌激素的神奇益处孰轻孰重，可能是女性需要做出的健康决策中最难的一个。

是否接受雌激素或睾酮形式的HRT，显然应该根据个人情况做出选择。

掌控自己的寿命、身体和认知健康

我们将提供与激素治疗完全不同的方法。我们在本书中制定了自己独特的策略，使读者能够全面运用自己尚未开发的内在资源和力量。我们推荐读者养成健康的饮食习惯、摄入充足的维生素，并做有氧运动，而不去求助于药物。但我们的理论最主要的目的是向你展示，只要运用好你自己的生物计算机（也就是大脑）中的惊人力量，了解人类年龄增长时大脑实际发生的变化，你的心智表现就能够随着年龄增长而渐入佳境。

唤醒沉睡的巨人

你的大脑是一个沉睡的巨人。

虽然你可能已经在正规教育经历中用成千上万个小时学习过历史、语言、文学、数学、地理和政治学，但不管你现在什么年纪，估计你只花过几个小时专门学习以下内容：

· 创造性思维
· 增强专注力与记忆力的方法
· 大脑功能与年龄增长之间的关系
· 沟通的艺术
· 学习与阅读技术文献的综合方法
· 用思维模式影响生活习惯并做出改变（元积极思维）

提升专注力与理解力

统计数据显示，平均而言，高级管理人员、商人、学者和所有专业人士的工作时间分配情况如下：

· 30% 的时间，用于阅读和整理信息。

· 20% 的时间，用于解决问题和创造性思考。

· 20% 的时间，用于沟通交流。

所以，每个人都应该学习这些技能，并让大脑接受相应的训练，这对我们至关重要。

实现心智技能的飞跃

本书中概述的策略将帮助你获得相关技巧和知识，让你在人生的旅程中成为一个更高效、更擅长思考和沟通的人。

通过阅读本书，你将能够：

· 使用易于学习和掌握的记忆技巧，记住众多名称、事件和数字。

· 了解并使用思维导图，获得更高水平的创造力，把思维组织得更清晰，提升专注力，并以更简洁明晰的方式沟通。思维导图是一种可以发挥你各方面的智能、增强你所有类型的思维能力，并显著提升你的记忆力和创造力的技巧。

· 更快地阅读并理解你所需的所有内容。

· 通过学习商业、体育和创意领域的伟大人物所使用的原理和技巧，更全面地了解你自己的潜力。你会了解到如何应用这些原理来提升自己的潜力，从而取得更大的成功。

摄取这些知识后，你将能够实现几乎所有你为自己设定的目标，并随着年龄增长做得越来越好！

任何年龄都适合学习

本书旨在帮助你实现进化过程中的下一次飞跃：对智力有更加清晰的认知，并了解智力是可以通过培养来提升的，你可以从任何时间、任何年龄开始，努力提升你的智力，以获得惊人的优势。请注意以下事实：

· 股票市场分析师像猎鹰一般密切关注着加州硅谷的 10 名高管。只要有一丝迹象表明其中一个人可能会跳槽到另一家公司，世界股市就会发生相应的变化。

· 根据人才发展协会的数据，那些为员工提供综合培训计划的公司，每名员工为公司创造的收入比那些不提供培训的公司高 218%，利润率也要比后者高出 24%。

· 根据美国国家经济研究局（NBER）发布的报告，提升数学技能可以使工资获得 28% 的增长，而通过教育提升阅读技能可以使工资获得 27% 的增长。

· 发达国家的主要经济基础与其说是制造业，不如说是知识，包括人力资本和独有的专利技术等无形资产。知识经济中最有价值的技能都是由脑力驱动的，包括创造并应用算法、数据分析、基于数据做出决策以及创新等。

- 在越来越多国家的武装部队中，心智战斗技能已经变得和身体格斗技能同样重要。
- 各国的奥运代表队中，多达30%的训练时间是用于培养竞技心态、提升耐力和发展可视化技能的。
- 根据《培训》杂志的2021年培训行业报告，“2020—2021年，美国培训支出增长了近12%，达到923亿美元”。

四五十岁的人最需要改善的20个心智领域

现在，我们从另一个角度来思考这一令人鼓舞的消息。很多四五十岁的人都渴望提高自己心智方面的表现与能力，但要实现这一目标，他们需要克服很多困难。下面的内容将带你快速了解他们正面临的随着年龄增长而日益严重的问题。如果你准备在变老的同时开发自己的智力资本，那么这些领域也是我们建议你重点关注的。我们将在后续章节中对其中的很多主题进行深入分析和讨论。

在过去的20年里，我们在全球范围内进行了调查，每个大洲接受调查的人数超过10万人。受访者经常提到的认为自己需要改善的心智技能领域有100多个，以下是其中的前20名：

1. 记忆力
2. 专注力
3. 演讲和公开讲话的技巧
4. 书面表达能力
5. 创造性思维
6. 规划能力
7. 思维组织能力
8. 分析问题的能力
9. 解决问题的能力
10. 激励能力
11. 分析性思维
12. 确定优先级的能力
13. 阅读速度（或阅读量）
14. 阅读理解能力
15. 时间管理能力
16. 应对压力的能力
17. 应对疲劳的能力
18. 吸收和理解信息的能力
19. 时间管理能力（避免拖延或浪费时间）
20. 随年龄增长而下降的心智能力

在现代科学对大脑功能的研究成果的帮助下，我们可以相对轻松地改善以上每个心智领域的表现。现在，我们先来探讨与上述所有领域都息息相关的 7 个主要课题：

1. 左右脑分工的研究
2. 思维导图
3. 快速阅读法
4. 助记技巧
5. 前面学，后面忘
6. 脑细胞研究
7. 心智能力是否会随年龄增长而衰退（最重要的一个课题）

我们将把每个课题与其主要相关的问题领域联系起来，并向你展示如何应用新知识来提升你的心智技能。

左右脑分工的研究

大脑的左半球和右半球负责不同的智力功能，这一点目前已成为常识。左脑主要处理逻辑、语言、数字、序列、分析和列表，右脑则处理节奏、维度、色彩、想象、白日梦和空间关系。

人们直到最近才发现，左右脑分工并非如此割裂，左脑不是所谓的学术脑，右脑也不是所谓的只负责创造力、直觉和情感的大脑半球。通过全面研究，我们现在了解到，要想在学术和创造力方面取得成功，需要把大脑的两个半球结合起来使用。

全世界像爱因斯坦、牛顿、歌德和莎士比亚一样的科学与艺术天才，和那些伟大的商业天才一样，都会把自己的语言能力、数学能力、分析能力和想象力结合起来，打造自己的创造性杰作。

运用这些关于大脑功能的基本知识，我们可以训练自己掌握与上述各个问题领域相关的技能，这样做经常会获得高达500% 的改善效果。

东尼·博赞对实现这种改善做出了关键的贡献，即创造和推广了思维导图。

思维导图

在传统的笔记中，不管是为了辅助记忆、准备沟通、整理思路、分析问题、做计划还是进行创造性思考，常规的描述模式都是黑白的、线性的，包含句子、短语列表，或者按数字或字母顺序排列的列表。这些描述方法缺乏色彩、视觉节奏、维度、图像和空间关系。因此，它们会影响大脑的思考能力，令笔记的使用者难以达成目标。

思维导图（详情请参阅第九章）能够充分利用大脑的各方面能力，它将彩色的图像放在笔记页面中央，从而帮助人们记忆和产生创造性的想法，随后以联想网络的形式对思维进行细化。这种形式可以从外部反映大脑的内部结构。思维导图可以在很小的空间内容纳大量的信息。它既能用于预习，也能用于复习。

通过使用思维导图，为演讲做准备所需的时间可以从几天缩短到几分钟，我们可以更快地解决问题，可以把糟糕的记忆力提升到完美，富有创造力的思考者可以产生无数的创意，而不只是简陋的清单。如果你觉得随着年龄增长，自己的记忆力和智力正在衰退，那么思维导图会对你特别有用。思维导图是衰老的完美解药。

快速阅读法

最新的快速阅读法可以让使用者的阅读速度达到每分钟1 000个单词以上，同时仍能很好地理解阅读内容。思维导图可以与快速阅读法结合使用。你吸收信息的速度越快，就越能刺激自己的大脑并开拓视野。快速阅读法可能听起来深奥难懂，但入门很容易。

例如，你可以尝试下面这个简单的测试。正常阅读本书的一页，并给自己计时。接下来阅读另一页，同样要计时，但这次阅读时要使用以下方法：

· 使用一个指示物（比如用笔）指着阅读的位置，帮助自己集中注意力。学校的老师可能告诉过你不要这样做，但他们说错了！

- 跟随你的指示物，一直向下读。不要回看或重读文字片段。
- 一次读两个单词，而不要像以前一样逐个单词阅读。单是这一点就有可能使你的阅读速度加倍。

通过以更快的速度阅读，绘制一本书的大纲和各章节内容的详细思维导图，使用思维导图和演示方面的高级技巧来收集和转换信息，一个人可以获取、整合、记忆并开始应用一整本书中所有的新信息，这一过程只需要一天。对于一家公司或同时做这种练习的多位员工来说，这样做的效果是显而易见的。

助记技巧

你可以通过使用押韵等技巧来辅助记忆，例如，“一三五七八十腊，三十一天算不差”可以帮我们更轻易地记住各个月份的天数。

助记技巧由古希腊人发明，直到最近还因为被认为是雕虫小技而遭到忽视。我们现在意识到，这些技巧正是基于大脑的功能设计的。如果运用得当，助记技巧可以极大地提升我们的记忆能力和回忆能力。

助记技巧运用联想与想象的原理，在你的头脑中制造戏剧性的、多彩的、感性的图像，因而令人记忆深刻。思维导图就是一种非常优秀的多维助记技巧，它有效地利用了大脑与生俱来的功能区域来使我们铭记我们需要的信息。你可以从尝试记住在聚会上认识的所有人的名字开始练习，把他们的名字和他们外表上的特点联系起来。

通过练习使用助记技巧，商务人士可以完美地记住 40 个新认识的人的名字，并记住由 100 多项产品、事实和数据组成的列表。目前 IBM（国际商业机器公司）位于斯德哥尔摩的培训中心已经在应用助记技巧，这是其入门培训计划获得成功的重要原因之一。

前面学，后面忘

这是一个戏剧性的问题。经过一小时的学习，随着大脑对新数据的整合，人们对信息的回忆能力会出现短暂的上升，但接下来就是急剧的下降。24 小时后，人们会忘记多达 80% 的细节。

人们经常把这种回忆能力随时间推移而下降的效应与智力随年龄增长而下降的现象混为一谈。但事实是，回忆能力的下降完全是标准回忆曲线的结果。它绝对不应与衰老混淆。正如我们所指出的，通过适当的训练，记忆力实际上是可以随年龄增长而提升的。

这种回忆能力下降的情况和相关误解的影响令人不安，尤其是对企业而言。如果一家跨国公司每年培训的成本是 5 000 万美元，几天之内，这笔培训成本中价值 4 000 万美元的部分就会被忘掉。然而，通过了解记忆的节奏，我们有可能避免这种损失。

脑细胞研究

在过去 5 年里，脑细胞研究成了人类探索知识的新前沿。研究发现，人类不但拥有大约 860 亿个神经元，而且这些神经元之间的互相连接可以形成模式和记忆痕迹，这些模式和记忆痕迹结合起来，可以使人脑的功能无限扩展。

只需要一秒钟，你的大脑就能掌握复杂的概念，而以每秒 4 亿次计算速度运行的大型超级计算机要用 100 年才能掌握这样的概念。显然，我们天生就有整合并处理数十亿比特的海量数据的能力。因此，对大脑——这台我们每个人都拥有的超级生物计算机——进行充分的训练，将会极大地提升我们解决问题、确定优先级、创造和沟通的能力。这一点对大脑研究者们来说日益明显。

训练大脑，或者用更令人兴奋的说法，挑战并刺激大脑，并不只是年轻学习者的特权。你可以在任何年龄开始挑战并刺激大脑。你学习得越多，要学更多的东西就越容易，大脑也能建立越多心智和生理上的联想网络，从而越容易获取和处理数据。

心智能力是否会随年龄增长而衰退

“随着年龄增长，你的脑细胞会发生什么变化？”对这个问题，常见的回答是：“它们会死掉。”但从大脑研究领域的前沿传来了令人极为振奋的好消息，加州大学的玛丽昂·戴蒙德最近证实，在正常、活跃且健康的大脑中，脑细胞并不会随着年龄增长而损失。最新研究表明，事实恰好相反，如果大脑被使用和训练，神经元之间相互连接的复杂性就会增加，也就是说，人的智力会提高。

智能革命

我们正处于一场革命的开端，这是世界前所未有的时刻：人类智能即将迎来飞跃性的巨大发展。在教育、商业和个人领域，来自心理学、神经生理学和教育实验室的信息正在被用于消除一些衰老方面的问题，这些问题迄今为止都被认为是人类衰老过程中不可避免的组成部分。

通过应用我们掌握的关于大脑各项独立功能的知识，通过以思维导图的形式表现我们心智的内部运作过程，通过利用记忆与生俱来的组成元素与节奏，通过应用我们新发现的关于脑细胞以及我们有可能一生持续进步的知识，人类智能进化的巨大飞跃不仅有可能发生，而且正在发生。本书正是这一飞跃的前沿之作。

欢迎来到人类下一次伟大的冒险。这次冒险将探索你自身的智能，这种智能水平高超，会不断增长，并应当在你一生中不断扩展。这将是一次充满刺激、挑战性和深远意义的冒险。这次冒险的主角正是你自己。

认识大脑 | 建筑师希南

米玛尔·希南（1489—1588 年）是奥斯曼帝国苏丹苏莱曼一世的御用建筑师，他自约 50 岁起担任这一职务。在他生命余下的约 50 年里，他设计并完成了至少 500 座建筑，包括宫殿、陵墓、医院、学校、公共浴室以及奥斯曼帝国最宏大的清真寺。希南一生都想要完成一座像伊斯坦布尔的基督教教堂——圣索非亚大教堂（它就像雅典的帕提侬神庙一样，是用于纪念“神圣智慧”的建筑）那样宏大、辉煌的建筑。他在 80 多岁时终于实现了要完成与圣索非亚大教堂媲美，并在规模上超越它的作品的宏伟志愿，建成了位于埃迪尔内的塞利米耶清真寺。他在回忆录中自豪地写道：“基督徒说他们击败了穆斯林，因为伊斯兰世界中还没有人能建造可以与圣索非亚大教堂的圆顶相媲美的大圆顶。我决心要建造一个这样的圆顶。”

我该怎么做？

1. 记住这个最重要的事实：你学得越多，要学更多东西的时候就越容易！

2. 学习使用本章中提到的技巧进行快速阅读。如果你能够以更快的速度阅读，你就能更容易地获取信息，并扩大自己的视野。

3. 努力提升记忆力。从练习记住你在聚会上认识的人的名字开始。找出他们的外表或穿着有什么独特之处，这样你就可以把他们的名字和他们外表的独特之处联系在一起来记忆。使用助记技巧可以帮助你记住这些人的名字。

4. 从各个不同的角度看待疑问和难题。保持思维的灵活性。尝试新的解决方案和新的体验，因为这些新事物将帮助你保持心智上的警醒。

5. 持续参与社交活动。那些远离社交生活的老年人，心智退化的速度会比平均速度更快。多和他人接触，也可以试着去帮助他人解决问题！

第四章

发挥你的全部潜力（无论需要用多久）

不要轻忽明智长老的教训，要反复玩味他们的名言。

——《德训篇》8:9

在前几章中，我们发现确实有一些工具和方法论可以帮你提升各方面的智力。本章将带你了解我们论点的核心部分。我们带来了一个最重要的好消息：你的大脑是一个灵活的、有机的、不断变化的，并且（我们希望）会持续进步的器官。随着我们的生命历程向前迈进，我们的大脑可以变得越来越复杂，越来越精密，越来越灵巧，对我们越来越有用。如果你按照本书提供的指导去做，你的大脑就会这样不断进步。

如果你希望自己的脑力表现能随着年龄的增长而提升，那么对你来说，改变自己有害的习惯和态度，并养成新行为模式的能力至关重要。任何时候开始这样做都不晚，最适合开始的时刻正是现在。

脑力退化的迷思

在接下来的内容中，我们来讨论一个日益引起全球性关注和重视的话题：人类的大脑在人一生的几十年中究竟发生了什么变化。

我们将提供充分的证据，证明我们的观点：如果以适当的方式训练大脑，大多数关于大脑的常见错误认识都会被证伪。我们将建立关于大脑实际成长过程的全新认知——这会在学习领域掀起一场彻底的革命。

根据《圣经》的记载，玛土撒拉是已知的最长寿的人类（根据《创世记》的说法，他活了 969 岁）。玛土撒拉的存在提醒所有人，在一生中充分发挥自己的潜能。

研究记忆、脑细胞、创造力等领域很有趣，但可以说，它们在人类生命中的变化过程才是最令人着迷的。首先，我们想向你展示一幅常规观念的示意图（图 4.1），这幅图反映了很多人对于心智能力随年龄增长而发生的变化错误观念。

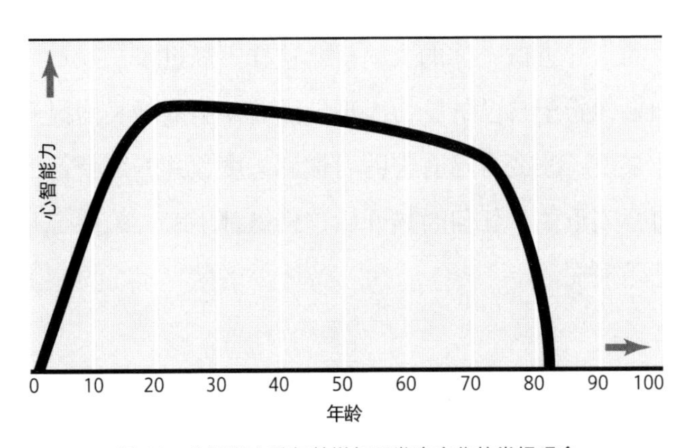

图 4.1 心智能力随年龄增长而发生变化的常规观念

图中纵轴代表心智能力（或技能）水平，横轴代表人的年龄。汉斯·艾森克等心理学家发表的关于智力的标准图表（你可以在大多数心理学入门书籍中看到它们）显示，心智能力会在人生的早期阶段显著提升，并在20岁左右时达到顶峰。研究人员通常会引用大量证据来进一步支持这一观点，包括数学家的故事（据说历史上所有伟大的数学家，无一例外，在26岁之后，都没能完成任何伟大的原创性研究）。

智商测试通常也会证实这种说法，以受访者自我评价的方式进行的研究表明，人们认为自己的记忆力确实随着年龄增长而退化了。换句话说，随着年龄的增长，他们对自身心智过程的体验感减弱了。

人们认为身体机能与年龄同样有相关性：26岁后，人的身体机能会趋于下降。既然脑细胞是身体的一部分，那大脑一定也会退化，接下来进入一个稳定的退化过程，并在接近人生尾声时迅速衰退。这可不是一个非常美好的前景。

如果真是这样的话，我们可以设想一下，假设外星人真的存在，而且他们要入侵地球。他们知道人类的行动积极性很高，解决问题的能力也很强，所以他们要设计一种有效的方法来打消我们的积极性。他们可能会考虑的方法之一，就是向地球上的每个人发送一条信息，告诉我们："顺便说一句，一旦你超过26岁，你的脑力就开始日益退化了。祝你今天愉快！"

关于脑细胞死亡的误解

你的脑细胞每天会发生什么变化？我们每到一个国家都会问当地人这个问题。20多年以来，在世界各大洲，答案总是一样的——不管是在英国、美国新墨西哥州、中国台湾还是阿根廷，我们总会听到相同的答案："脑细胞会死掉！"每个群体的人都认为自己的回答是准确无误的。当我们问到每天会有多少脑细胞死亡时，他们同样十分笃定，甚至可以说是轻松愉快地回答："大约100万！"这种广泛存在的想法对全人类会有什么影响呢？

想象一下，当你醒来时，阳光明媚，鸟儿在歌唱，你的真爱在你身边，你看看枕头——上面是100万个死掉的脑细胞。这些脑细胞就是你用来思考的生物计算机的芯片，你刚刚又损失了100万个。每一天，你都会损失100万个。不管你愿不愿意，你都注定完蛋了！

如果你相信自己大脑的整个操作系统一直在逐步崩溃，那你就不可能从根本上保持乐观。这就是为什么人们随着年龄的增长，会越来越害怕年轻人的挑战。为什么？因为年轻人的脑细胞比老人多，他们拥有更强大的生物计算机。如果你试图与年轻人竞争，很明显，你一定会失败，除非你能坚持发挥你所拥有的脑细胞的全部能力。坚持，再坚持，直到你的脑细胞死到只剩大概10个，到那时你就无可奈何，只能放弃了。

想想看吧，这种自我打击的信念会给全人类灌输什么样的态度。这件事的后果极其严重。这就像一种智力上的阿尔茨海默病，真的会侵入并腐蚀人类的智力。它会支配你，毁灭你。想象一下，如果有奖问答节目《危险边缘！》的冠军布拉德·鲁特、世界象棋冠军马格努斯·卡尔森，或者像古斯塔夫·杜达梅尔这样的顶级指挥家都要在这种信念之下生活，会是怎样的情形。他们要在每天可能会失去 100 万个脑细胞的情况下，努力保住自己的专业地位和创造力。如果每天要死掉 100 万个脑细胞的说法是真的，对他们来说意味着什么？

这种错误信念的更多论据来自我们的社会结构。我们是如何对待老人的？我们强制他们退休！这里面的讽刺意味强烈得令人难以置信。以东尼·博赞的母亲琼·博赞为例。她 57 岁时在老年学研究方面获得了硕士学位，在大学讲课 8 年，然后校方告诉她，因为她已经 65 岁了，太老了，所以她不能再继续讲老年学这门课了！真是彻底疯了。我们强制 65 岁的人退休，因为他们“精神上无行为能力”，但与此同时，我们却一直允许那些 65 岁以上的政客继续掌权。这些决定背后的逻辑值得我们深思。

我们有养老院，那里的工作人员也被灌输了如何对待老人的观念。我们在养老院里对老年人进行统一管理，告诉这些老年人他们已经没有性欲了，让他们做些无聊的事消磨时间，比如编篮子，然后像对待小孩一样拍拍他们的头。我们不允许他们自己照顾自己：我们觉得他们太老了，所以可能做不好。“别担心——我们替你做。别起身——我们替你拿。”我们这种做法是在杀死他们。这是一片令人沮丧的可怕景象。

我们先把这个假设放到一边，看看有什么证据。首先要看的是心智能力变化的情况（图 4.2）。

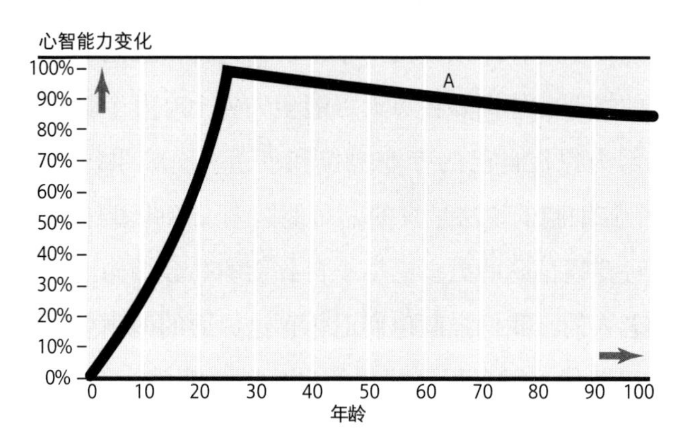

图 4.2　心智能力随年龄增长而变化的情况

如果你观察此图中右侧向下的直线（标记为 A），你会发现人类一生中心智能力下降的幅度实际上只有 5%~15%。所以虽然这条直线平稳向下，但坡度并不陡峭。对我们来说，心智能力下降并不是什么年纪大了才会经历的新鲜事。如果你在一场尽情狂欢的聚会的第二天早上醒来，你会发现你的智力水平只有正常情况下的大约 2%——在任何年龄段都是这样。所以心智能力下降并不是什么全新的体验。

有趣的是，大脑的恢复能力非常惊人。想想看，我们一生中使用大脑的方式称得上是虐待了，但在长达大约 80 年的时间里，大脑的能力只下降了 5%~15%，这种恢复能力是非同寻常的。

异类：违背常规的人

接下来要检查的是关于所谓的大脑退化的研究的真实性。认为平均统计数据可以代表大多数人的情况，是一个极大的统计学上的误解。实际情况并非如此。平均统计数据是从那些高于平均水平的人和低于平均水平的人的数据中得出的。事实上，有些人的大脑能力表现出幅度惊人的急剧下降，而另一些人的大脑能力实际上则有所提升，还有很多人的情况介于这两者之间，呈现出各种不同的变化。

那些脑力高于同年龄平均水平的人被说成是统计异常或异类，他们"扰乱"了示意图。我们更希望把这些人称为"违背常规的叛逆者"。如果你试图找出这些脑力出众的"叛逆者"的共同特征，你会发现他们确实有一些几乎相同的性格特征：他们都喜爱学习。在日常生活中，他们都是积极、乐观、心态平衡的。他们在身体、心智、情感、感官和性方面都很活跃。他们大多具有高度发达的幽默感。他们都乐于为别人提供指导。他们大多认为自己的生活很富足。而且这样的人越来越多。

认识大脑 | 了不起的女运动员

完成了全程马拉松比赛的最年长的女运动员是来自美国的格拉迪斯·伯里尔，她以 90 岁零 19 天的年纪完成了夏威夷檀香山马拉松比赛。

阿格奈什·凯莱蒂已于2022年1月4日年满101岁，截至本书撰写时，她是在世的最年长的奥运冠军。她在第二次世界大战开始前不久对体操产生了兴趣，很快成为一位顶级体操运动员，但战争中断了她的体育生涯，并使得1940年和1944年的奥运会被迫取消。

二战后她重回体操运动，原本准备参加1948年的伦敦奥运会，但由于赛前最后时刻脚踝受伤而未能参赛。4年后，她以31岁高龄（同期女子体操运动员平均年龄为23岁）参加了1952年的赫尔辛基奥运会，赢得了自由体操项目金牌，还收获了一枚银牌和两枚铜牌。

后来，凯莱蒂在布达佩斯体育学校体操系担任动作示范员。她还是一位出色的音乐家，能够专业地演奏大提琴。

身体机能随年龄变化的示意图（图4.3）看起来与心智能力变化的示意图类似，只是衰退更为明显。

这幅图暴露出人们在身体机能的衰退方面存在同样的误解。就力量方面而言，最新的研究结果支持的观点是：如果人们持续进行力量训练，他们在50岁左右才会达到力量的巅峰。而我们如果关注耐力方面，则会发现长距离游泳运动员的年龄通常是30多岁。所以这幅身体机能图正在发生变化。我们还不确定体力会在哪个具体的时间点开始下降，但可以确定下降的速度远没有我们之前想象的那么快。现在有一种运动会，名为老年奥运会，由 50 岁及以上的运动员参加，有 20 种不同的运动项目，包括篮球、自行车、足球、游泳、田径和铁人三项等。在老年奥运会中，80 多岁的运动员参赛并表现出色的情况并不罕见。

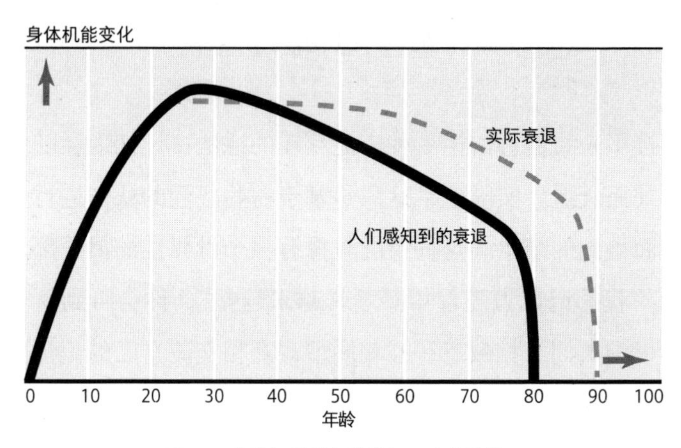

图 4.3　身体机能随年龄增长而变化的情况

进化中的小问题

现有证据表明，只要保持身体健康，人在身体机能、心血管、肌肉和柔韧性方面并不会随着年龄的增长而发生很大变化。在身体机能方面，我们也开始发现带有偏见的思维会造成错误的印象。对大脑来说尤其如此。每个人都可以以那些“违背常规的叛逆者”为榜样，发展自己的脑力。也许退化只是进化过程中的一个阶段，漫长岁月中出现的一个小问题，但我们如果以一种不当的方式对待大脑，就会导致它的衰退。实际证据并没有为大量过于悲观的看法提供支持。实际证据也并没有表明大脑一定会随着年龄的增长而退化。相反，实际证据表明，在适当的条件下，人类大脑的能力可以得到持续的提升。

被夸大的谣言

接下来我们会讨论一种广泛存在的说法：记忆力会随年龄的增长而衰退。实际上，这只是基于一些虚假的认知进行自我反省而得到的结果。这种情况就像有一个世界性的俱乐部，名字叫“我的记忆力随着年龄增长越来越差”，你会听到这个俱乐部里的人们互相致意，互相同情，互相交流自己的记忆力有多差，而这些人只有30来岁！

认识大脑｜你的大脑：一台强大的计算机

最新研究表明，通过脑力锻炼来刺激大脑，可能会使被称为神经元的那些脑细胞大量生成新分支。这种分支会让脑细胞之间产生数以百万计的额外连接（或者说突触）。“这种情况可以想象成，”加州大学洛杉矶分校大脑研究所所长阿诺德·沙伊贝尔说，“一台计算机有了更大的内存。这样你就可以用更快的速度完成更多的任务！”

大脑发生改变的能力为预防和治疗脑疾病带来了新希望。它有助于解释为什么有些人可以：

- 将阿尔茨海默病的发病时间延迟数年。目前的研究表明，一个人受教育程度越高，患阿尔茨海默病后表现出症状的可能性就越小，其原因是智力活动会产生更多的脑组织，它们代替了那些因疾病而受损的脑组织。
- 在中风后更好地恢复。研究表明，即使中风给大脑的部分区域造成了永久性损伤，大脑也可以通过创建新的信息路线来绕过该区域的障碍，或者说继续实现该区域的功能。

肯塔基大学桑德斯－布朗老龄化研究中心的戴维·斯诺登发现，那些获得了大学学位、从事教学性工作、不断挑战自己大脑的人，要比受教育程度较低的人更长寿。脑科学的新观点表明，人类是在 65 岁时还是在 102 岁时开始急剧衰老，可能部分取决于个人情况。

——加州大学洛杉矶分校，大脑研究所

如果你真的想检查自己的记忆，认真回顾一下自己曾经是多么伟大的记忆力天才，那么只需要在放学时去任意一所学校，看看这所学校里那些年轻的学习和记忆的天才落下了什么。你会看到钢笔、铅笔、鞋子、外套等等。6 岁的孩子和 60 岁的成人之间唯一的区别是，当 6 岁的孩子回到家，意识到他把衣服或作业落在学校时，他不会对自己说：“哦，我的天啊！我 6 岁了，我的记忆力衰退了！”

成年人会建立一种信念，认为自己曾经拥有完美的记忆力，而现在自己的记忆力衰退了。这两点相互依存、相互促进。这样的信念可以破坏一个人的心智。它还可能毁灭一个种族，甚至灭绝人类的智慧。

因此，对于那些记忆力会随年龄增长而衰退的自述，我们基本上可以不将其作为证据，因为它们显然是妄想。这些妄想影响了实验的结果，实验的结果又加深了妄想——它们就这样不断重复，携手并进，陷入一个不断扩大的绝望的循环之中。

社会制度方面的证据也可以被排除。谁说我们必须让人们在 65 岁退休？如果说人类有 300 万年的历史，那么我们拥有现代人类大脑的历史只有大约 5 万年，这意味着我们的大脑实验经历的世代数量还远远不够。目前的研究结论还不足以让所有 65 岁以上的人都去过痛苦的被迫退休的生活。

我们社会整体的态度认为，变老是件坏事，虽然没有确切的原因。大多数人想到的与老年相关的词语往往是负面的、傲慢的，或令人不适的委婉用词。

请写出你印象中最常被人们认为与老年相关的 10 个词。

通常比较常见的词包括：

- 悲伤
- 生病
- 贫穷
- 肮脏
- 迟缓
- 靠退休金活着
- 银发族
- 孤独
- 衰老
- 独自一人
- 行动不便
- 虚弱
- 靠养老金活着

我们来把这个问题放到孩子的成长背景中看。如果一个孩子在成长过程中形成了以上这些关于老年的看法，这个孩子可能会怎么做？畏惧变老？回避思考关于变老的问题？这种关于老年的看法会对孩子产生什么样的影响？只要稍加思考就能得出结论。

孩子会不愿意看到或想到老年，所以他或她也不会为自己的老年做好准备。这个孩子会开始将自己的种种不足视为自身“变老”的结果。这就意味着，这个孩子不会主动面对衰老，因为这会让他或她想到逐步逼近的恐惧。现在我们要从全球的角度来思考这个问题。

而就在不久之前，拥有这种想法还没有成为人类的常态。下面列出其他文化中对长者——也就是部落中最年长、最明智的人——的称呼。

我们在研究中收集到的一些称呼包括：

- 全视者
- 大师
- 男族长
- 神谕者
- 尊长
- 导师
- 元老
- 长老
- 女族长
- 家主
- 口传历史学家
- 智者
- 德高望重者

其中一些尊称以及相应的对老年人的观点，时至今日在某些国家和地区仍然存在。

证据缺失

这种现象把我们引向最后一条所谓的“证据”，即认为随着时间推移，脑细胞会像死皮一样脱落。如果说脑细胞在大脑中的地位相当于计算机芯片，那么这会是一个非常有力的证据，证明大脑必然会随时间的推移而退化。然而，我们很高兴告诉大家，几年前，《新科学家》杂志的调查小组和美国学者玛丽昂·戴蒙德都曾对此提出疑问：“这是谁说的？”如果这些证据可靠，我们应该能在医学教科书中见到它们。因此，他们检查了提到这种说法的参考文献，以及这些参考文献的参考文献，结果发现，从根本上来说，这只是一个巨大的循环论证的过程。

每个人都在引用别人的话——但没有实际的证据，没有确切的来源。有建议，有暗示，有线索，就是没有证据。

如今，研究人员发现，大脑并不会随着年龄增长而损失脑细胞。事实上，当大脑进行适当的思维活动时，脑细胞往往会长出更多的连接点。换句话说，在特定类型的积极压力下，大脑会生长成一台更复杂的生物计算机，拥有更多的连接点、更大的潜能，以及更强大的将它掌握的知识碎片连接到一起的能力。

认识大脑｜老年人的大脑和年轻人的一样活跃

美国国家老龄化研究所最近进行了一项大脑化学研究，对年龄在21岁到83岁之间的男性进行大脑扫描。研究人员发现，基于对大脑各区域代谢活动水平的直接评估，健康的老年大脑与健康的年轻大脑一样活跃、一样高效。

“可能发生的情况是，”杰里·阿沃恩博士说，“一位老年人，因髋部骨折或心脏病发作等原因住院后，可能会因为药物的副作用而有些反应迟钝，又或者会因为不熟悉医院生活的日常流程而感到困惑。这种情况是可以恢复正常的，但老人的家人甚至医生都没有认识到这一点。他们认为这是痴呆的早期症状，因此把老人送进了养老院。”

“没有人能确定养老院里到底有多大比例的人其实并不需要住进那里，”他说，“但我们有充足的临床证据表明，这个比例很大。”

——美国国家老龄化研究所

所以，当下我们可以用积极的态度推翻迄今为止被广泛承认的所有关于“大脑会随年龄增长而自动退化”的主要“证据”。

我们投资数以千亿计的英镑和美元来开发一个智力系统：人类。但当人类的心智能力正值顶峰，即 65 岁时，我们却会说：“把这个系统关掉。”这实在是太不理性了，甚至有点儿幽默。这也意味着我们正在删除我们的集体记忆，抹杀我们的种族历史。我们这种行为实际上是在说：“你经历的 65 年或 85 年完全无关紧要，它们既不存在，也没有任何意义。”

很多公司希望员工提前退休。讽刺的是，当一家公司让员工提前退休时，它会失去此前如何处理某种特定情况的集体记忆，也就是会损失智慧方面的资本。当那种情况再次发生时，公司只能返聘那些提前退休的人来担任顾问！本书将告诉大家，现在是时候改变这一切了。

随着年龄的增长，只要我们充分使用大脑，并以正确的方式使用它，大脑必定会不断发展、进步，直到生命的尽头。现在我们将向你展示如何做到这一点。

脑细胞的非凡力量

人脑约有 860 亿个神经元。写成数字的话，就是 86 乘以 10^9，或者说 86 000 000 000。要理解这个数字的大小，可以想象一堆拼搭积木。每加一个零，积木块的数量就要乘以 10。

从 10 开始，想象你面前有一个由 10 块积木组成的积木堆。加一个零，即让这堆积木的数量乘以 10，你面前就有了 100 块积木。再加一个零，积木的块数再乘以 10。现在你有了 1 000 块积木。再加一个零，1 000 变成 10 000。再加一个零，就变成了 100 000，在你加到 9 个零时，你面前就有了一个由 1 000 000 000 块积木组成的积木堆。现在想象一下，有 86 个这样的积木堆。这就是人脑中神经元的平均数量。

认识大脑 | 经验的价值

很多组织之所以会出问题，是因为它们丧失了集体“记忆”。过去 20 年间发生的商业模式变化中，经验的概念被人们过度轻视了。

> 如今，人们认为经验是负面的，因为据说经验会减缓组织内部变革的速度。
>
> 缺乏有经验的员工，是一家英国大型商业银行业绩不佳的原因之一。据一位学者说，“每当这家银行犯下商业错误时，他们就会解雇一些已经任职很久的经理人，这家银行抹去了有组织的记忆，提高了犯更多错误的概率”。
>
> ——彼得·赫里奥特、卡罗尔·彭伯顿《通过多元化获得竞争优势》（*Competitive Advantage through Diversity*）

“Fiat Lux”[1]：要有光

脑细胞拥有非凡的力量。我们对它的研究越深入，就越能意识到它的力量远比我们想象的更强大。从基因的角度来说，一个脑细胞的记忆中保存着能够用来创造你自身的完美复制品的代码。想想吧，为了做到这一点，它要包含多大数量的信息。脑细胞就像一个巨大的图书馆，而储存巨量信息只是它功能中的一小部分。大脑的功能比任何计算机都要强大得多。你的大脑中蕴藏的潜能是巨大的。整个地球的人类的潜能都藏在你的脑袋里！

---

1 Fiat Lux 是拉丁文，意思是“要有光”，是《圣经》中上帝创造世界时的第一句话。——译者注

很多微小的生物，比如蜜蜂，都有和我们人类相同的脑细胞。不同之处在于，它们只有几千个脑细胞，但看看它们能做到的事情：它们有嗅觉、有视觉、有导航能力，还有记忆力和交流能力。研究表明，类似蜜蜂这样的昆虫有一个特殊的脑细胞，它就像整个大脑的教父一样。这个脑细胞和其他的脑细胞没有什么不同，但它能指挥其他脑细胞。这显示了每个细胞内在的潜力。这就是脑细胞的力量，而我们约有 860 亿个脑细胞。

每个细胞就像是一个独立的系统。它向外延伸，寻求与其他细胞建立连接。寻求连接很重要。如果你能看到大脑的微观结构，你就会看到世界上最大的因互相拥抱而形成的圈子。每个脑细胞都会把自己的触手缠绕到其他脑细胞周围，形成一个众多脑细胞相互连接的整体。每条触手上都长着数以万计的小"蘑菇"（就像章鱼的吸盘），数以万计的触手以数以百万计的不同方式连接起来。每条触手上，每个"蘑菇"内部，都有数以千计的化学物质。无论你何时思考、思考什么，都会产生电磁反应和生化反应。这种反应产生的信息会沿着一个脑细胞的一条分支传递（我们尚不知道这种传递发生的原因，也还不理解其方式）。每个脑细胞都是独立的，都会自行决定信息的去向。然而，每个脑细胞也都与其他脑细胞相互依赖。当一条信息沿着触手到达一个"蘑菇"时，"蘑菇"上的化学混合物就会穿过间隙，到下一个细胞的下一个"蘑菇"上。这种间隙结构被称作突触间隙。

于是就有了一条信息传递的路径，我们称其为记忆痕迹。

这是一种不可思议却又真实存在的模式。它是一张智识领域的地图、一种习惯，也是一种概率。

当婴儿的脑细胞第一次开始生长时，它就有了一个基本的结构和初步的生长。如果婴儿没有获得外界的刺激，其智力就不会继续发展。脑细胞不会自己主动建立连接并成长。对大脑的生长和复杂性来说，外界刺激是至关重要的动力。重要的不是脑细胞的大小，而是它们互相连接的数量和复杂性。

学习的极限

关于人类学习能力的极限——也就是人类在时间流逝、年龄增长的同时持续学习的能力——的问题，在某种程度上，可以简化为一个数学方程。我们有多少脑细胞可用？大脑可以容纳多少想法？人们常常用自己大脑的容量有限作为停止学习的理由："我不要继续学习了，我的大脑快满了，我需要在大脑里留些空间。"这种借口很可笑。

那么，我们的大脑中最多可以有多少条记忆痕迹呢？在20世纪50年代，人们估算的记忆痕迹数量是10的100次方。过了一段时间，人们把这个数字修改为10的800次方。后来人们发现即使是这么大的数字，与实际情况相比，也许还是太小了。俄罗斯神经解剖学家彼得·阿诺欣计算的记忆痕迹数量，是1后面跟着长达650万英里（约合1 050万千米）的，以标准11号字体打出来的0。

我们大脑功能的潜力是无限的。

元积极思维：让自己变得更好的力量

思维过程是自我驱动的。因此，我们来看看思想的“原位”状态，即它的自然状态。我们来看看一个人在养成了根深蒂固的坏习惯时，脑细胞的状态以及脑细胞互相连接的方式是怎样的。我们将这种根深蒂固的坏习惯称为 BBH（Big Bad Habit，“大坏习惯”），这种坏习惯会对你的生命起负面作用。你意识到了这个坏习惯的危害，决定戒掉它。假设你的这个习惯是每天吃两盒巧克力，这使你的体重达到了 400 磅（约 181 千克），你养成这个习惯已经有 20 年了。

当你说“我以后不吃巧克力了”的时候，最先出现在你脑海里的是什么？读到这句话时，注意你最先想到的东西——难道不是巧克力本身吗？你眼前出现你最喜欢的巧克力的包装了吗？就这样，一个关于“巧克力”的想法在你的大脑回路中呼啸而过。它以前在你脑中出现过很多次，因为它是一种习惯，是你甚至都不需要思考的东西——它已经是你潜意识的一部分了，而现在你要试图有意识地改变它。好消息是，即使只是思考“我要改变”，也会在生理层面上使大脑产生实际的变化，让你的脑细胞激活不同的记忆痕迹。

但是——这是一个需要着重强调的“但是”——所谓习惯，就是你多年来一直在做的事。你的生日快到了，有人送了你一盒巧克力。现在，当你看到巧克力盒子时，你在想什么？

很可能是“我就吃一块”！

这就是一个 BBH，一个根深蒂固的坏习惯。它经历了好些年才深深植入了你的大脑，所以你没法指望一举成功将它戒掉。但是，你每次致力于自己的目标时，都可以一点一滴地将新的思维模式植入你的大脑，并形成新的积极想法，我们称之为 GNH（Good New Habit，“有益的新习惯”）。

关键步骤

如何做到这一点？最好的办法就是确定你关注的焦点，然后定期提醒自己要努力完成目标。在巧克力这个例子中，你关注的焦点在哪里？是巧克力，对吧？因此，要解决吃巧克力的问题，更恰当的方法是思考戒掉巧克力能给你带来什么好处。你戒掉 BBH 并建立 GNH 的最终目标是变得更健康、更有活力。我们应当如何描述这个目标？要想获得好效果，你用来提醒自己的话必须符合以下标准：

- 必须是关于你个人的：“我……”
- 必须用现在时态表述：“我正在……”
- 必须涵盖你正在做的这件事的过程。这一点很重要，因为如果你告诉自己“我很健康”，但你现在并不健康，实际上你就是在对自己撒谎，所以要有过程：“我正在变得……”

· 必须包含目标：“我正在变得健康。”

定期提醒自己要努力完成目标，会帮助你的大脑重新连接脑细胞，把 BBH 思维方式转变为 GNH 思维方式。我们向你描绘了 BBH 的坏处，以及你要如何建立 GNH。这就是我们所说的“元积极思维”，也就是寻求做出改变，让自己变得更好的思维。

用元积极思维应对变老

我们要如何用这种元积极思维应对变老的过程呢？你对变老的想法可能是你的 BBH 或 GNH 的一部分。你希望它是哪一类？如果你要设计一种在变老的同时保持身心健康的方案，那么这一点尤为重要，值得你认真考虑。如果你想要：

· 开始进行有氧运动（划船、游泳、跑步、骑自行车等），而之前你不做任何有氧运动……
· 改变或改善不健康的饮食习惯，以求更健康、更有耐力……
· 戒烟，或戒除过量饮酒的习惯……
· 提高记忆力，参与新的具有挑战性的智力锻炼，或发展新的智力技能，例如下国际象棋、下围棋或画思维导图等……

· 学习游泳、杂耍或格斗技巧……

那么我们关于将 BBH 转变为 GNH 的指导，就对你有重要意义！

元积极思维的下一阶段：TEFCAS

TEFCAS 是东尼 · 博赞提出的一个学习模型的首字母缩写，旨在反映大脑学习的方式，并帮助你轻松记住这一方式。为了理解 TEFCAS 生效的原理，我们先来看一个具体的例子。我们在研讨会上会教观众围棋、国际象棋和杂耍等，用这些作为学习的隐喻。杂耍常常会让观众感到特别恐惧！第一次面对几个球的时候，很多勇敢的人也会退缩，甚至真的做出身体向后退缩的动作。第一次抛球可能成功，也可能失败，但是如果你没有任何可以用来比较的标准，你如何判断自己是否成功了呢？你可能会环顾四周，看看其他人做得怎么样。如果你的表现跟旁边的人比起来很一般，你可能会很快放弃。

你个人的学习方法以及你处理事件的方式，是成功变老的关键。

那么，你学习的过程是怎样的呢？过去 10 年来，我们一直在收集世界各地人们的看法，他们的观点大致上是一样的。下面是人们关于学习的常规看法的图示。它向我们展示，每个人学习、养成新习惯或改变老习惯的过程都是一条平滑的曲线。

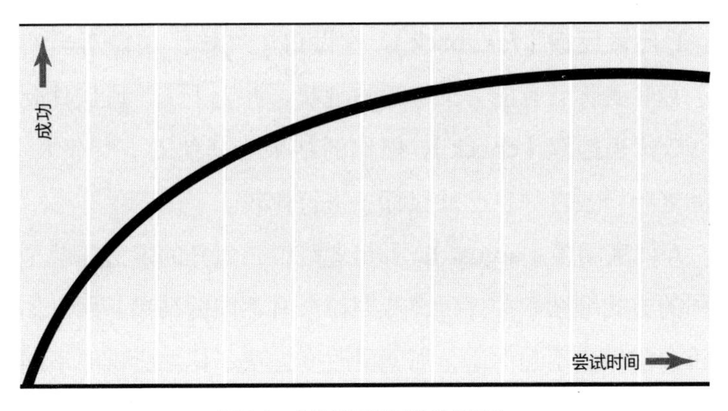

图 4.4　人们关于学习的常规看法

这种想法只是彻彻底底的错觉！然而，在使用各种语言的众多国家的文化传统中，这种想法都根深蒂固、随处可见。实际上，大脑在学习和获取新技能时，有一套非常特殊的具体流程，我们可以通过 TEFCAS 这个助记缩写来了解它：

T 代表尝试（trial）。你尝试一些新事物：杂耍、健康饮食、减少饮酒、戒烟，或者开始做有氧运动。保持兴趣并挑战大脑是尝试的一部分。

E 代表事件（event）。事件发生。你要么接住了球，要么没接住球。这些只是事件，事件结果不代表你的成功或失败。你如果能把情绪与事件分开，就可以在其他人自觉“失败”时继续尝试。这意味着你对事件会有一个明确的判断标准，无论是“好”事件还是“坏”事件。你可以从经验数据中学习，不会因评判结果而灰心丧气。

F 代表反馈（feedback）。你做得怎么样？获得适当的反馈，意味着你会有能力准确评估现状，并为下一阶段做计划。

C 代表检查（check）。把你的结果与其他人（专业人士、你的老师，或者你自己的目标）进行比较。

A 代表调整（adjust）。有句老话说，疯狂的定义，就是以相同的方式继续做一件事，却期待会有不同的结果。所以如果你目前的做法不起作用，那就要改变方法，比如尝试向不同的老师学习，或使用不同类型的设备。

S 代表成功（success）。现在该庆祝了。奖励大脑，祝贺它的成功。奖励会调动大脑的愉快中枢，从而巩固和强化学习效果。

人在奋斗时，难免迷误。

——约翰·沃尔夫冈·冯·歌德《浮士德》[1]

图4.5展示了大脑学习的过程，包括低谷、平稳期和高峰。下次你尝试学新东西时，可以看看这张图，确定你当前的学习进度。如果你有时觉得自己似乎失败了，不要气馁。暂时的失败在学习或改变的过程中是正常的自然现象。

1 《浮士德》译文引用自钱春绮译本，后同。——译者注

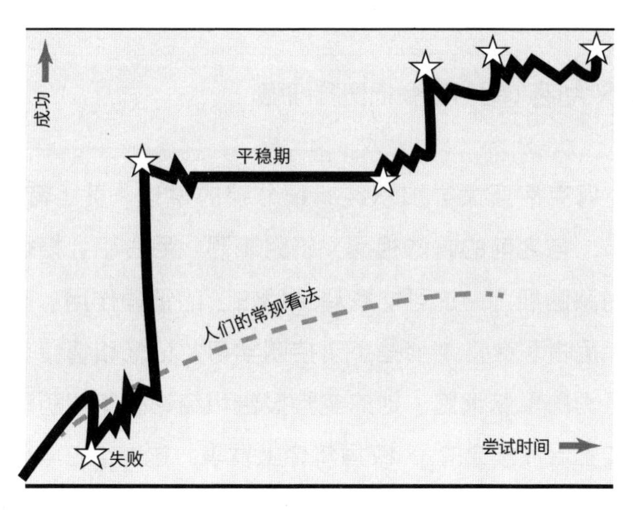

图 4.5 大脑学习的过程

使用 TEFCAS 可取得的典型元积极进展

假设你正在尝试戒烟（一个 BBH），使用 TEFCAS 模型的元积极进展过程可能如下所述：

1. 尝试。总是感觉健康状况比常人差。

2. 事件。每天吸 40 支烟。

3. 反馈。专家意见告诉你，这个习惯会让你的预期寿命缩短 12 年。

4. 检查。寻求其他意见和建议。

5. 调整。逐步减少吸烟量。过程中有起伏很正常。

6. 成功。逐渐地——但也稳定地——变得更健康。

认识大脑 | 尼古丁会损伤脑细胞

得克萨斯大学加尔维斯顿分校的琳达·黄（音译）表示，与之前的看法相反，研究表明，尼古丁会损伤而非刺激脑细胞，这可能解释了尼古丁的镇静作用。黄声称，尼古丁会抑制那些负责控制学习、记忆和情绪等基本行为的鼠脑细胞。她的实验报告和结论在美国药理学和实验治疗学会的第40届年会上发表。这些结论与尼古丁会刺激脑细胞的传统科学观点相矛盾。

多年以来，科学家们一直认为尼古丁会使一部分神经元兴奋，从而抑制其他神经元的大脑连接，因此会对吸烟者产生镇静作用。黄说，她对实验鼠的研究表明，尼古丁会直接抑制神经元的活动。她的发现基于一项为期两年的研究，在这项研究中，学者从大鼠大脑基部取出一些组织，并观察尼古丁对这些组织的影响。

琳达·黄最初研究的是与θ节律（脑电波的一种类型）相关的神经元受体的控制机制。她和同事偶然间发现，尼古丁实际上会抑制神经活动。“这令人震惊，出乎意料。”她说。她发现，尼古丁会使神经元向其他神经元发出信号的过程变得更加困难，因为神经元在受尼古丁影响后会释放钾，而钾会严重抑制神经信号的传递。香烟对一部分吸烟者有明显的“镇静”作用，关于这种作用的另一种解释是，每次吸入烟雾时，这些吸烟者可能会因肺部和大脑暂时缺氧而出现“微型昏厥”。

这些发现与我们在第二章中提供的预期寿命计算方法完全一致，我们在第二章已经发出了明确警告：如果每天吸烟超过 40 支，你的标准预期寿命会缩短 12 年。

什么时候开始都不晚（也不早）

学习一切！以后你会发现

没有任何学习是多余的。

——12 世纪圣维克多的休

万物皆有联系。

——列奥纳多·达·芬奇

你现在掌握了非常惊人的新信息，你有机会扩展自己的大脑了！

是时候开始了。

头脑风暴：黄金法则

1. 相信你的大脑，相信它的能力。
2. 从生物生理学、神经化学到大脑广泛的智力技能等各个层面研究你的大脑。了解元积极思维和 TEFCAS。
3. 保护好你的大脑。
4. 使用大脑。列奥纳多·达·芬奇提出过一套独创的开发“完整”大脑的法则，他建议的大脑使用方向包括：

· 研究艺术的科学。
· 研究科学的艺术。
· 学习如何观察，提升你的感官能力。
· 在认识到“万物皆有联系”的前提下实践前三项。

在了解自己的大脑如何运作的同时，你也在鼓励它运作得更好。例如，当你意识到大脑的主要技能之一是把想象力与联想能力结合起来时，只是了解到这一点，就会让你的大脑自动走上一条更多地结合使用这两种能力的道路。

在你了解大脑异常微妙的基本机制之后，学习一些特定的技能（如思维导图、记忆技巧、创造性思维、速读和各种身体技能等），对强化大脑积极发展的过程非常有用。你对大脑及其正确使用方式了解得越多，你就越能在大脑各方面的发展中创造螺旋式上升的趋势。例如，在正常、活跃且健康的大脑中，脑细胞不会随着年龄增长而消亡，这一知识可以极大地激励和鼓舞我们。现在，我们来谈谈四五十岁及更高年龄段的读者和听众最常问起的问题：

怎样才能改善我日渐衰退的记忆力呢？比如，你可能经常会在听到一个电话号码的两分钟后就忘了它。或者是被介绍与10个人认识，但几秒钟后就忘记了他们的名字。老年人常把这种现象视为自身智力衰退的证据。然而，这种记忆方面的问题在年轻人中同样常见。

长期记忆是非常自动化的功能，所以很多人甚至都没有意识到它也是记忆功能的一部分。例如，你日常所说的每一种语言的每一个单词，都是由长期记忆功能实现的。这也是这些心智技能具备惊人的持久性和准确性的一个例子。

我们经常会听到别人大声抱怨，说他们的心智能力，尤其是记忆力，随着年龄增长而出现了衰退。但他们在抱怨这件事的时候口若悬河、滔滔不绝，对语言的使用游刃有余，这种实际表现与他们要表达的观点完全相反！

你的名字、大量的常规知识以及对环境和路线的记忆也是长期记忆的一部分。短期记忆和长期记忆的能力都可以通过锻炼你的专注力、联想力和想象力来提高，以及如达·芬奇所建议的，通过开发你的每一种感官来提高。以这种形式提高记忆力时，每种感官都会对其他感官有帮助，而所有感官都会对你实现目标有帮助。

认识大脑｜打造更好的大脑

神经科学家探索锻炼大脑的好处，告诉我们如何使思维更敏捷、提高记忆力并预防阿尔茨海默病。

日渐增加的证据表明，大脑的运作方式与肌肉非常类似——你越是使用它，它就会越茁壮成长。尽管科学家们长期以来一直认为大脑的回路在青春期就已生长完成，在成年阶段并没有灵活生长的空间，但最新发现表明，大脑显然具有改变和适应的能力，这种能力会伴随我们直到老年。最重要的是，这项研究为治疗中风、脑部损伤，以及预防阿尔茨海默病开创了令人兴奋的全新可能性。

——《生活》杂志

我该怎么做？

1. 如果你没有锻炼的习惯，现在是时候开始了，因为你已经了解你的大脑如何接受一个 GNH 了。
2. 在接下来的各章中，我们将给出一些饮食方面的提示。想想你的饮食习惯：它健康吗？你是不是会吃很多垃圾食品和高糖零食？如果你的饮食不健康，你已经了解了该如何改掉 BBH，现在是时候做出改变了！

3. 与之类似，使用 TEFCAS，结合你对BBH 和 GNH 的新认识，你可以致力于在各方面都变得更健康。你的心智能力将会提高，你的寿命也会更长，你将可以一直享受锻炼智力的乐趣。
4. 如果你希望开发一项新的特定心智技能，例如记忆力，你已经了解该如何说服自己的大脑开始学习了。我们前文描述的元积极思维就是你前进的路径。
5. 既然你已经确定人类有可能通过刺激来开发大脑功能，那么接下来至关重要的就是要寻找一种道德或伦理学方面的理论，来支持这种生理学的论点。下一章我们将探索这方面的内容。

第五章

歌德挑战：通过自我挑战实现自我提升

凡是不断努力的人，我们能将他搭救。

太初有言？太初有思？太初有力？太初有为！

——约翰·沃尔夫冈·冯·歌德《浮士德》

我们现在已经认识到，生理刺激会对大脑产生巨大的积极影响。合乎逻辑的下一步就是为这一生理学上的事实寻找艺术、文学、政治和哲学上的基础——一种关于积极刺激的哲学。

歌德是有史以来最伟大的天才之一，我们通过引用并重新诠释歌德的杰作《浮士德》中的关键台词，来为我们的策略，即通过自我挑战实现自我提升，提供哲学依据。自我挑战至关重要，因为这种方式可以在大脑中生成新的突触连接，从而在生理上改善大脑的状况。

歌德挑战

约翰·沃尔夫冈·冯·歌德（1749—1832年）在德国文

化中的地位相当于莎士比亚、弥尔顿、拜伦、但丁、拉辛、高乃依和莫里哀的结合体。他频繁使用的单词量高达5万个，被认为是人类历史上智商最高的人之一。歌德的身份包括律师、诗人、剧作家、小说家、政治家、历史学家、解剖学家、植物学家、光学研究者和哲学家。歌德同时追求上述的每一项事业，并对它们投入同样多的精力。他健康地活到了83岁，在去世时还希望活更久，他的临终遗言是“Mehr Licht”，即“多些光吧”。

歌德的杰作是悲剧《浮士德》，它分为两部。这一诗歌形式的巨著是德国文学中最伟大的戏剧作品，讲述了科学家兼哲学家浮士德的故事，他为了解开自己研究中唯一尚未揭晓的奥秘，把自己的灵魂卖给了魔鬼梅菲斯特，以获得全部的知识和绝对的力量。浮士德最早是一个德国的民间传说，它的悲剧主题强烈地吸引了其他世界级作家，例如克里斯托弗·马洛和托马斯·曼。这个悲剧也是西方文化中最凄美的传说之一。但歌德的同主题作品表现出了一种截然不同的倾向，这种倾向解释了他为何能在如此漫长的一生中始终保持强大的创造力，而且包含了对我们极为重要的启示。1797年，歌德首次为第一部《浮士德》的创作制订了宏大的计划，当时他48岁。他的余生都用在了创作《浮士德》上。他于1831年完成了《浮士德》，这是他的最后一部重要作品，当时他82岁，距去世只有9个月。

在《博赞的天才之书》（*Buzan's Book of Genius*）中，我

们首次提出了“歌德机缘”（Goethendipity）理论，这是一个重要的秘密，所有天才都知道这个秘密。下面，我们用歌德自己的话再次说明这一理论。所有决心要提升自己心智表现的读者，无论年龄大小、从事哪个行业，都会立即感受到这个理论的效果。

正如歌德本人所说：“行动、实现、成就。”

行动、实现、成就

在全身心投入一件事之前，每个人都会犹豫不决，都会考虑退缩的机会，都一直是效率低下的。关于所有主动性和创造性的行为，有一个基本真理，你如果不知道它的话，就会扼杀自己无数的想法和宏伟的计划。这个真理就是：一个人在全身心投入自己的目标时，会自然而然地获得各种帮助。

无论你能做什么，或梦想自己能做到什么，开始做吧。大胆的行为中蕴含着天赋、力量和魔力。现在就开始吧。

现在，我们将首次揭示《浮士德》的核心段落（见下文）背后隐藏的观点。我们称之为“歌德挑战”。对于所有希望随着年龄增长而提升自己的脑力和效率的人来说，它体现了最重要的核心真理。

别误会，这种说法并不是为了给容易上当受骗的人制造虚幻幸福感而拼凑出的幻想。这种说法是经过充分证实的医学事实，它得到了英国著名医学专家安德鲁·斯特里涅尔等人的证实：如果你不断地为你的思维器官提供新鲜的挑战，你大脑中的突触连接就会增长，其互相协作的能力也会得到提升。

不断寻找新鲜的刺激，寻找令人兴奋的挑战，你的人生就会变得更丰富、更有趣、更快乐，最终也会变得更有意义。

坚持不懈

再回到歌德的作品。在《浮士德》中，魔鬼梅菲斯特向浮士德提供了人类可能渴望得到的一切快乐。我们来看看浮士德的反应。

浮士德：我如有一天悠然躺在睡椅上面，那时我就立刻完蛋！你能用甘言哄骗住我，使我感到怡然自得，你能用享乐迷惑住我，那就算是我的末日！我跟你打赌！

梅菲斯特：好！

浮士德：再握手一次！如果我对某一瞬间说：停一停吧！你真美丽！那时就给我套上枷锁，那时我也情愿毁灭！那时就让丧钟敲响，让你的职务就此告终，让时钟停止，指针垂降，让我的一生就此断送！

本书提供的每一条建议中，都蕴含着歌德的这一观点。它对那些希望随着年龄增长而提升脑力并避免心智能力衰退的人格外重要。

正如这几句台词所表达的，歌德的观点是，要坚持不懈地努力奋斗，但这必须是有目的、积极的努力奋斗，充分意识到我们在整个世界的宏大背景之下所处的渺小位置后，仍然坚持追求目标。从这个意义上说，《浮士德》是一首极具乐观主义色彩的诗歌，它是歌德留给他的祖国和全世界的遗嘱。正如评论家们指出的，由于其崇高而具有普适性的内容、极具广度的情感与思想，以及丰富多样的诗歌形式，《浮士德》获得了与维吉尔的《埃涅阿斯纪》、但丁的《神曲》和弥尔顿的《失乐园》并驾齐驱的地位。

在你开始阅读本书的后续部分时，请始终把歌德的观点放在第一位，从这一角度来审视接下来的所有信息、建议和练习。值得一提的是，还有一个可能会被理解为抗辩的哲学观点，来自伏尔泰。

种咱们的园地要紧

伟大的法国作家和哲学家伏尔泰（1694—1778 年）在他的小说《老实人》中，以隐喻的方式向年龄较大的人提出了一个著名的建议："种咱们的园地要紧。"（Il faut cultiver notre jardin.）

这种温和平淡的劝告乍看似乎与歌德不懈奋斗的精神相差甚远，但仔细想想则不然。伏尔泰并没有写"咱们在园地里歇着要紧"，或是"咱们在园地里睡觉要紧"，又或者"咱们在园地里抽烟要紧”，他更没有写“咱们在园地里喝到烂醉要紧”。

伏尔泰有目的地、有意识地、巧妙地使用了“种”这个有主动意义的词，在这个意义上，他与歌德是一致的。

我该怎么做？

1. 保持精神活跃。选择一个既有趣又有挑战性的目标，并追求它。你的兴趣是什么？你擅长做什么？做什么事会使你感到享受？选一个你做得最出色的领域，设定目标进行挑战。
2. 学舞蹈，学一门新语言，学习演奏乐器，参与智力运动，开始绘画。有几十种运动供你选择：帆船、山地自行车、武术、匹克球等。如果你真的热爱冒险，可以将挑战目标设为穿越南极洲或攀登珠穆朗玛峰！重要的是——不管你的挑战目标多大或多小——激励你自己。如果在挑战的同时你还能和其他人社交，并适应随时出现的新情况，那就更棒了。

认识大脑 | 刺激与停滞

为了评估含有丰富刺激的环境对大脑发育的影响，加州大学伯克利分校的心理学家马克·罗森茨魏希让一组小鼠幼崽在满是坡道、梯子、转轮、隧道和其他刺激物的笼子里长大，而对照组则被放在没有刺激物，只有生存必需品的空笼子里。105 天后，罗森茨魏希检查两组小鼠幼崽的大脑，发现在有丰富刺激物的环境中饲养的小鼠幼崽的大脑比对照组的大脑更大，神经胶质细胞数量多 15%，神经元体积也大 15%，或许最重要的是，神经元之间的连接也更多。

第六章

迈出第一步

最尊贵的皇帝陛下，如果这世上真的有人能够通过学习而逃脱死亡的命运，那这个人一定就是您。

——迈克尔·斯科特，

神圣罗马帝国皇帝腓特烈二世的宫廷学者兼占星家

在第四章中，我们已经了解到大脑可以在生理层面上发生改变，在第五章中，我们又认识到选择去锻炼大脑这一策略是有其哲学依据的。在本章中，我们将提供一系列能够刺激大脑的挑战，旨在帮助你迈出第一步，走上拓展心智能力、开发大脑以及接受歌德挑战的道路。

后文中还列出了评选“年度最强大脑”奖的 10 项标准，你可以依照它们为个人设定挑战和努力的目标。完成了这些目标就代表着你在这条道路上迈出了第一步。我们还介绍了一些获奖者的事迹，它们都是鼓舞人心的成功案例。

为自己设定远大目标和更高标准

大脑基金会有一个著名的奖项，名为“年度最强大脑”

奖，你要给自己设定的终极挑战就是入围甚至赢得这一奖项。

大脑基金会是一家英国慈善组织，致力于研究和传播关于认知、学习和大脑的科学知识。

该奖项的往年得主包括：国际象棋世界冠军加里·卡斯帕罗夫；马里昂·廷斯利博士，他在国际跳棋比赛中击败了硅图公司开发的“奇努克”（Chinook）计算机国际跳棋程序；还有著名的名人培训师兼畅销书作家阿里夫·阿尼斯。这一奖项每年会颁发给最符合以下各项标准的个人：

1. 必须在其从事的领域中有杰出表现。
2. 必须在其从事的领域做出了重大的创新性贡献。
3. 必须在其从事领域的教育推广工作中付出了显著的努力。
4. 必须在生活中实践“身体健康，头脑才健康”的原则。
5. 必须展现出持之以恒的毅力和耐力。
6. 必须显示出整体的文化意识。
7. 必须对其所在的社群做出了明显的贡献。
8. 必须表现出对人道主义的关注。
9. 必须踊跃参与社会活动，并以热情表达观点而闻名。
10. 无论在其专业领域，还是就整体而言，都必须是良好的榜样。

这 10 项标准极具挑战性，你可以将它们设定为你的目标和标准，并通过这些标准来评价自己的表现和进步。

以下是往届获奖者的故事。

吉恩·罗登贝瑞

电视剧《星际迷航》系列的缔造者和编剧吉恩·罗登贝瑞50多岁时仍很活跃，他是一位工程师、勋章在身的战争英雄、飞行员、社会推动者和梦想家。在他早期的编剧生涯中，他是邪典电视剧《枪战英豪》的主要创意来源，该剧是第一部以高智商英雄为主角的西部片，主角“帕拉丁”的标志是国际象棋中的“马”。

罗登贝瑞是美国人文主义协会的重要成员，他从人文主义的观念出发，创作了《星际迷航》，这部电视剧的创意最初几乎被所有业内人士嘲笑，在拍摄和制作时遇到了明显难以逾越的障碍。为《星际迷航》的创作带来灵感的主题包括：种族平等、性别平等、对智力和身体的锻炼，以及同情心和爱的重要性。

用罗登贝瑞自己的话说：“外貌与众不同并不一定是丑陋的，想法与众不同并不一定是错误的。人类未来最糟糕的发展方向，就是所有人的外貌、言语、行动和思想都开始趋同。衡量一个人是否成熟、是否有智慧的最佳标准，就是他能否承认在听到别人说‘我不同意你的观点，原因如下……’时，他自身也有收获。”

多米尼克·奥布莱恩

多米尼克·奥布莱恩在第一届世界记忆锦标赛（亦称“世界脑力锦标赛”）中赢得了冠军（他在该项赛事中先后赢得了 8 次冠军）。1991 年首次夺冠时，他创造了一个新的世界纪录，在 2 分 29 秒内完美记住了一副扑克牌（52 张）随机打乱后的顺序。1994 年，他又创造了此项目新的世界纪录，44.78 秒。（目前的世界纪录是 13.96 秒，由中国选手邹璐建于 2017 年创造。）

奥布莱恩上学时表现并不出色。学生时期，他被诊断出患有阅读障碍和注意缺陷障碍（ADD），而且在写作方面也有困难。但是，他在视觉化记忆方面有惊人的能力，他相信，任何人经过恰当的训练后，都可以做到他做的这些事。他毕生致力于探索和发展自己的记忆力，创造能加强记忆力的系统工具，并帮助他人提升记忆能力。

马里昂·廷斯利博士

马里昂·廷斯利博士生于 1927 年 2 月 3 日，他保持了 40 多年国际跳棋世界冠军的头衔。他最大的成就是于 1992 年在伦敦击败了“奇努克”计算机国际跳棋程序。他于 1995 年 4 月 3 日去世。

廷斯利在称霸棋坛期间参加了几千场顶级的国际跳棋联赛，还参加过很多地方级、国家级和世界级锦标赛中的一对一比赛。在所有这些比赛中，廷斯利一共只输了 9 场。本书作者之一雷蒙德·基恩表示："廷斯利不只是国际跳棋领域最强大的世界纪录保持者，他的成就甚至可以与国际象棋界所有大师的最伟大的成就相媲美，包括亚历山大·阿廖欣、鲍比·费舍尔和加里·卡斯帕罗夫。"毫无疑问，廷斯利是有史以来最伟大的智力运动冠军，他有资格称自己是所有运动项目中最伟大的冠军。

认识大脑｜最年长的老人，最惊人的活力

在某些方面，那些年龄最大的老人要比年龄稍小的老人更健康。例如，心脏病和中风对男性伤害最大的年龄段是 50 多岁到 80 多岁，而对女性伤害最大的年龄段则整体比男性延后大约 10 年。那些已过危险年龄段的人不太容易罹患心脏病和中风。与之类似，阿尔茨海默病通常会在 85 岁左右夺走患者的生命。研究人员发现，90 多岁的男性老年人在心智功能测试中的表现要优于 80 多岁的男性老年人。

对于那些最高龄的老人来说，死神可能会放慢脚步。虽然从 50 岁到 90 岁，死亡率呈指数级增长，但 90 岁以后，死亡率的上升幅度就变小了。

高龄老人生命力更充沛的原因很简单。那些受基因

> 影响，身体不那么强健的人都已经去世了，剩下的就是更健康、更强壮的人。
>
> 他们能够非常好地应对压力。节制的生活方式、适度的锻炼和良好的教育都对他们的身心健康有助益。研究表明，平均而言，受过良好教育的人在老年时的心智衰退程度较轻。
>
> ——《时代》杂志

前世界冠军、廷斯利的导师阿萨·朗估计，廷斯利花了10万个小时研究国际跳棋。廷斯利说："仅凭要花10万个小时来研究它这件事本身，就可以回答一些关于这项'简单'游戏的问题。"

1954年，廷斯利已经成为毫无争议的国际跳棋世界冠军，不过很多研究国际跳棋历史的学者认为，他的统治地位其实早在7年前就开始建立了。在接下来的38年里，他彻底统治了这项运动。1992年，时年65岁的廷斯利已经完全没有对手了，他决定以不败冠军的身份退役。为了表彰他的伟大成就，国际跳棋界授予他"荣誉世界冠军"的称号。

这时，一位才华横溢的新棋手出现了，打断了廷斯利的退休计划。这位新棋手在国际跳棋界所向披靡，成了新的世界第一。廷斯利对这位新天才很感兴趣，接受了这位年轻天才的挑战，这开创了智力运动的新时代。

这位新棋手的大脑是由硅材料制成的芯片。它是一个代号为“奇努克”的计算机国际跳棋程序，由加拿大艾伯塔大学的乔纳森·谢弗教授领导的团队设计。它每分钟可以计算出的国际跳棋的步数达到了令人难以置信的300万步，还拥有一个包含180亿个棋局的数据库，其中包含了廷斯利下过的所有伟大的棋局。赛前，大多数智力运动选手和爱好者都极为紧张，他们担心计算机会彻底打败人类的大脑，让人类屈服。

廷斯利保持了他一贯的冷静平和的心态，看起来只是兴致盎然。当媒体问起他是否害怕强大的对手时，廷斯利表示，他认为计算机程序特别像一个研究生：“非常聪明，非常专注，乐于在我睡觉休息的时候整夜研究问题——但没有真正的思考能力。”他接着解释说，他对比赛自信至极，因为，“虽然谢弗教授和他的团队都是非常出色的程序员，但我相信我是由一位更优秀的程序员创造的，他的名字是上帝”。

66岁的廷斯利以人们从未见过的高超水平下棋，并逐渐在计算机程序面前占据了上风。他连续两周，每天下4盘棋，每天下棋的时间长达12小时，赢得了最终的第三十九盘棋[1]——这是一项超人的壮举。这展现了廷斯利非凡的意志力与耐力，同样展现了他的坚定信念：人的脑力可以随年龄的增长而提升，尤其是在以恰当的方式充分使用大脑的情况下。

---

1 1992年的这次比赛中一共下了39盘棋，其中33盘平局，2盘计算机获胜，4盘廷斯利获胜。——译者注

在计算机认输时，廷斯利从座位上站起来，大声说："这是人类的胜利。"

也许对廷斯利博士最好的赞美来自谢弗教授和国际跳棋大师社群。在分析廷斯利和"奇努克"对弈的棋局时，他们都得出了一个非同寻常的结论：如果人们不知道哪一方是计算机程序，哪一方是人类，廷斯利在棋局中绝对完美的表现会让懂行的观察者相信，"奇努克"的棋是人类下的，而廷斯利的棋才是计算机完美智能的产物。

因为他在人类智力方面取得的前所未有的成就，廷斯利于1995年4月21日在伦敦皇家阿尔伯特音乐厅举办的心智节活动上被授予了大脑基金会的"年度最强大脑"奖。

阿里夫·阿尼斯

2021年，慈善家阿里夫·阿尼斯因其在新冠疫情期间做出的杰出成就而被授予"年度最强大脑"奖。在疫情期间，他协助英国国家医疗服务体系（NHS）发起了一项构思巧妙的"100万份餐食"活动，获得了全球性的赞誉。

阿尼斯也是全球闻名的思想领袖，著有《挑战不可能》（*I'MPOSSIBLE*）、《追随梦想》（*Follow Your Dreams*）和《竞技场上的人》（*The Man in the Arena*），并与凯瑟·阿巴斯合著了《危机制造》（*Made in Crises*）一书。2018年的"英国议会评论百强"将阿尼斯列为欧洲最具影响力的100位开拓者之一。

20 年来，阿尼斯一直致力于实现变革性成果、改善人们的生活水平，以及影响人群认知、政策和叙事。因为他对人类学习与发展事业的贡献，他被评为《环球》杂志的“2019 全球年度人物”。

作为国际级人力资源专家，阿尼斯培训过顶级教练、企业领袖、国家元首、电影明星和公司高管。作为主题演说家，他曾与两位美国总统、三位英国首相以及另外几位具有全球影响力的重要人物合作。

阿尼斯支持由威尔士亲王（现已加冕为查理三世国王）赞助的英国亚洲信托基金会。他也是全球最大的无息小额信贷提供商阿库瓦特基金会的信托管理人之一，该公司已发放了约 400 万笔无息贷款，总额超过 7.25 亿美元。BBC（英国广播公司）、ITV（英国独立电视台）、Sky（天空电视台）、CNBC（美国消费者新闻与商业频道）、《每日电讯报》、雅虎以及很多其他全球媒体平台都对他的倡议进行过专题报道。

我该怎么做？

你可以决定正式参加“年度最强大脑”奖的角逐，也可以不参加。但是，通过了解本章中该奖项评选的 10 项标准，你可以为自己制订清晰的计划，提出明确的目标和各阶段安排。这个计划将使你不断完善自我。你可以依次或同时尝试每一项挑战。

人们普遍认为，随着年龄增长，性行为会在生活中消失。在下一章中，我们将直面这一问题。

第七章

性与变老

请赐予我贞洁和节制，但不是现在。

——圣奥古斯丁

性行为会随着年龄增长而减少吗？又或者，70 岁时的性生活会比年轻时更好吗？我们将在本章中探讨一个谬论，即性行为注定会在一生中逐渐减少。性既是一种生理活动，也是一种心理活动，我们将展示爱作为大脑食粮的重要作用。如果你一直活跃、机敏，并对生活保持好奇，没有理由认为你的性爱注定会在几十年的人生中衰败——事实上，它可以成为你不断增加的快乐的源泉！

一个关于性的故事

加拿大不列颠哥伦比亚省温哥华市，有一家面向 80 岁以上老人的养老院，那里的护士和工作人员在应对一位 92 岁的住客时感到特别棘手。他是个有钱人，在养老院有一间私人套房。

他是养老院典型的噩梦住客：喜怒不定、冥顽不化、脾气暴躁、性情乖戾，总是口出恶言，永远牢骚满腹。而且，当他没有在表达自己的愤怒或不满时，他又会完全拒绝与人沟通。在亲友探访日，他的行为举止会变得格外令人生厌，因为经常只有他一个人没有亲友来探望。

有一天，他问一位护士（那是为数不多的能与他交流的护士之一），是否可以安排他的小侄女来看望他。养老院自然同意了，在下一个亲友探访日（每周有 3 天是亲友探访日），一位活力四射、颇具魅力的年轻女子来看望了他。侄女来访后，这位年过 90 的老人精神状态明显好了很多，接下来他的侄女每周都来看望他 3 次。她健谈、聪明、待人友善，工作人员和养老院的其他住客也都很喜欢她。在 6 个月的时间里，她每周 3 次的探访让这家养老院的气氛变得更快乐。

特别是那个 92 岁的老人，他的言行举止变得与以前截然相反。显然，在获得一位尽职尽责的家人的关爱，并被她活泼的个性感染后，他变得非常乐于交流，常与工作人员和其他养老院住户聊天谈笑，他的身心都更加活跃。总的来说，他变成了一个和善可亲的人。

当有人无意中撞破了“可怕的真相”时，这种幸福的理想生活迎来了悲惨的结局：这位老先生的“侄女”其实是一位高级妓女，而老人每周享受的可不只是 3 次振奋精神的聊天，这个 92 岁仍精力充沛的老家伙一直在享受充满激情的性爱！

这件事被发现后立刻引起了轩然大波。该男子遭到私下和公开的指责，人们都说他是个污秽下流的老东西，他的“侄女”被永远禁止进入养老院，养老院里以及与养老院有关的所有人几乎都不再搭理他，他就像被关进了一个虚拟的单人监禁室。

他的言行举止马上回到了以前那种暴躁易怒的模式，他短暂的余生（可以说比原本应有的时间短得多）都在抗争与痛苦中度过。

对不同年龄性活跃度的感知与现实

上面这个故事中涉及很多道德问题，但它同时引出了另一些有趣的问题：

1. 为什么随着主角变老，我们会觉得性欲和性行为是越来越“肮脏”的？
2. 男性和女性在晚年仍保持强烈的性冲动是自然现象吗？
3. 人类性行为随着年龄增长而变化的真实模式是什么？

为了启发你自己，请完成下面的测验。在下面的表格中，按照从 1 到 10 的数字顺序，排列你认为人类发生性行为次数最多的年龄段（以 10 年为一个年龄段）、次数第二多的年龄段、次数第三多的年龄段，以此类推，直到你把某一个年龄段排到第十，表示该年龄段人类发生性行为的次数最少。

表 7.1　你对人类发生性行为次数的年龄段排名

年龄	排名
0~10 岁	
10~20 岁	
20~30 岁	
30~40 岁	
40~50 岁	
50~60 岁	
60~70 岁	
70~80 岁	
80~90 岁	
90~100 岁	

现在，你可以把自己的想法与东尼·博赞的全球调查结果做比较了。此调查的范围涉及欧洲、中东、大洋洲和南北美洲的 50 多个国家。在语言和文化上都有很大差异的各个国家中，调查结果惊人地一致。

调查结果显示，人们通常认为，60 岁以后甚至 50 岁以后的人就没有性行为或性冲动了。那么事实又如何呢？

关于性活跃度的事实与趋势

虽然弗洛伊德宣称他解放了性欲，但在 20 世纪上半叶，人们对性和性行为的态度显然尚未得到解放。例如，20 世纪 50 年代，马斯特斯和约翰逊的初期研究表明，40 岁以上的人实际上经常享受活跃的性生活，这个结果在当时被认为是一个前所未有的新发现。

表 7.2 世界各国受访者对人类在各年龄段性行为次数的排名设想

年龄	排名
0~10 岁	5
10~20 岁	2
20~30 岁	1
30~40 岁	3
40~50 岁	4
50~60 岁	6
60~70 岁	7
70~80 岁	8
80~90 岁	9
90~100 岁	10

目前，包括马斯特斯和约翰逊的后期研究以及《海蒂性学报告》在内的大量研究（此处仅举出其中两项知名度最高的）都显示，性行为的实际情况与人们的设想大相径庭。越来越多的研究表明，在双方自愿的情况下，人类在各年龄段性行为次数的实际排名可能如表 7.3 所示。

表 7.3 根据研究结果推测的人类在各年龄段性行为次数的实际排名

年龄	排名
0~10 岁	10
10~20 岁	5
20~30 岁	3
30~40 岁	4
40~50 岁	6
50~60 岁	2

续表

年龄	排名
60~70 岁	1
70~80 岁	7
80~90 岁	8
90~100 岁	9

你可能会大喊："不可能！ 60 到 70 岁绝对不可能是第一名！"事实上，当这些研究成果首次在公开研讨会上发布时，观众不只怀疑这些成果，甚至还公开嘲笑。

不同年龄段的性：新景象

但是，当我们调查日常生活中的实际情况时，流行的假设就变得更加不合理，而新的研究结果则更合情合理、易于理解。

接下来，我们根据研究证据显示的实际情况，逐个年龄段分析人们普遍设想的排名为什么是错误的。

0 至 10 岁

在这个年龄段，人与人之间带有性意味的接触很少。这显然是因为体内与性功能相关的化学物质在这个年龄段尚未发挥作用，身体接触通常仅限于公共场合，而且社会观念也不会鼓励这种行为。

10至20岁

这个年龄段的性行为次数比人们一般想象的次数要少得多。对很多孩子来说，这段时间的前一半延续着他们生命前10年的习惯模式。尽管关于性行为的想法可能会在他们的生活中占据越来越多的时间，但实际的性行为通常极为有限。这是因为：

- 多数身体接触仍然只在公共场合发生。
- 对性行为的未知后果（怀孕、疾病、名声受损）的恐惧会抑制性行为发生。
- 对性行为的无知常常会导致实际的身体接触非常短暂。
- 青少年时期剧烈的情绪波动常会导致情感伤害与对性的长期回避。
- 很多国家的文化和宗教反对未成年人之间的性接触。

20至30岁

“这肯定是性行为最活跃的10年了吧？”

别这么“肯定”。

想想20多岁的人的生活状态，包括在统计数据中表现出来的和实际情况中的。假设一对普通夫妇在19岁或20岁结婚。在结婚的第一年，也就是人们通常认为新婚夫妇会有大量性行为的一年里，这对夫妇需要找到稳定的工作，适应彼此的生活习惯，还要租房或买房。

而在第二年（假设他们现在 21 岁了），这对普通夫妇将迎来他们的第一个孩子。工作压力和生活成本压力开始增加，而到了年底，这位妻子又怀孕了。他们结婚的第二年，第二个孩子出生了。如果说有什么避孕措施能靠让双方筋疲力尽、无心亲热而实现避孕的话，那就是两个需要照料的幼儿了。

在接下来的 10 年里，这个成长中的年轻家庭各方面的需求都日益增长，这对为人父母的夫妇一直要想办法满足这些需求，他们拥有的一切资源，特别是金钱和时间，消耗速度都越来越快。

这 10 年里的性行为并不像人们通常想的那么活跃。

30 至 40 岁

在这 10 年里，工作的负担、关于金钱的焦虑，还有总是不够用的时间继续给夫妻俩施加压力。而且孩子们进入了青春期！在人生中的这一阶段，父母就像晚春时节的一对鸟儿父母，整天都要不停觅食，把食物带回巢，喂给嗷嗷待哺的雏鸟。忙碌的一天结束时，父母常常连爬上床的力气都耗尽了，更别说在床上做爱了！

这 10 年里，人们的性生活并不太活跃。

40至50岁

正如调查的受访者通常预想的一样，人们在这10年里的性活跃程度甚至比前10年还要低。这是遗传或进化的必然结果吗？完全不是。这个情况完全是因为这个年龄段的人缺乏进行性行为的机会，而且需要把大量精力投入其他活动。

到了这10年，工作压力越来越大，令人不堪重负。如果个人的职业生涯有了好的发展，他们通常不得不每天工作14到16个小时，每周工作6到7天，经常要牺牲假期。如果个人的职业生涯由于某种原因陷入停滞或者失败，他们则会失去动力、理想幻灭、无精打采，这种状态会耗尽人的创造力、灵感和性能量。

这10年里，孩子们通常还没有完全离开父母，他们要么去上大学，使父母承受经济和情感上的压力，要么为了避免自己找房子和付房租而选择留在家里，与父母共同生活。

50至60岁

越来越多人认为，50至60岁这10年是“性生活衰退”过程的转折点。随着越来越多的组织提供提前退休计划，55岁就退休已变得并不罕见。就像长跑者在看到终点线时会获得能量一样，已经工作了30年的人想到自己即将迎来自由时，往往会重新变得充满活力。

当人们在50多岁退休时，一个充满机遇的全新世界将出现在他们面前。下面的故事深刻地说明了这一点。

一对夫妇在20岁出头时结婚，他俩尽心尽力，养家糊口，都通过额外打工来补充基本收入。他们养育了4个孩子，每个孩子相隔两年出生。这对父母成功地让每个孩子都顺利上了大学。

小女儿即将开始大学的最后一年，她毕业后准备马上出国，一边旅行，一边积累工作经验。因为这次返校有重大的情感意义，就像即将成年的雏鸟最后一次离开父母的鸟巢，这对父母驱车数百英里送女儿回学校，然后花了几天时间悠闲地开车回家。

当他们驶入家门口的停车道时，妻子转向丈夫，露出灿烂的微笑，说："亲爱的，欢迎来到蜜月之家。"

你可以想象在那个神奇的时间点前后，他们生活中与性有关的变化细节。

60至70岁

全新的第一名！

为什么会这样？因为在现代社会中，在60到70岁的这个人生阶段，数以千万计的人仍然保持了极佳的身心健康，他们富裕，充满好奇心，准备好要进入他们的第二个童年——这里的"童年"指的是这个词最好的意义。

有一位英国女性，她的丈夫在 60 岁出头时去世了，这位女士的故事将为人们在这 10 年的性生活状态提供一个极佳的佐证。

度过几年的哀悼期之后，她问她的孩子们，如果她接下来想开始找男朋友的话，他们觉得合不合适。她向孩子们解释说，她只有过一个爱人，那就是他们的父亲，她非常想像现代的年轻女孩一样去探索性生活。她的孩子们都认为这是个好主意，不过他们没想到接下来会发生多么令人惊奇的事。

在 3 年的时间里，这位女性先后认识并交往了一些男性，包括一位 50 岁的匈牙利人、一位 33 岁的意大利人、一位 62 岁的英国人、一位 24 岁的美国橄榄球运动员，这些只是其中一部分！当她把新男友带回家跟家里人见面的时候，两代人通常的角色几乎完全颠倒了，孩子们不得不劝诫这对恩爱的情侣，不要在公共场合一直耳鬓厮磨，不要没完没了地互相拥抱爱抚。

到这个年龄段，追求你一生梦想的机会与日俱增，而且你终于有机会探索伴侣间的亲密关系了——在此之前，因为家庭中总有孩子在场，你和伴侣的生活一直都是非常公开的。在不同的生活场景下，出现了很多新的可以探索与伴侣亲密关系的途径。下面这个有趣的故事就证明了这一点。

在 20 世纪 80 年代中期东尼・博赞举办的一次研讨会上，他讲述了这项调查的主要结论。午休时，一位身材极好的 65 岁老太太冲上台，用力与他握手，她目光炯炯地说："谢谢！谢谢你！现在我可以回家告诉我的爱人了，我们没有疯！"

除了以上这些诱人的特征和状况之外，还有一个因素，那就是这个年纪的人在性方面远比年轻人更有经验、更体贴，也更时刻关注对方的感受。这意味着，性爱不再像年轻人一样因生理渴求而急不可耐，而可以是一种更持久，更具探索性、实验性，更浪漫的过程。

70至80岁

与标准的刻板印象截然相反，70到80岁的人往往活力四射、精力旺盛、充满热情。就在你读到这句话的同时，很多70多岁的人正在爬山、跑马拉松、备战老年奥运会、投入火热的性爱！

除了积累丰富的经验之外，他们也积累了大量的资本。据经济学家估算，全世界70%以上的财富掌握在70岁以上的人手中。

这个年龄段的人身心充满活力，拥有大量的资源，他们的性能量仍然充沛，在性方面非常活跃。

80至90岁

对这个年龄段性行为的研究还很少。然而，初步报告似乎表明，人们从70多岁到80多岁的过程中，性欲或性行为并没有发生明显的变化。

例如，美国女演员梅·韦斯特在晚年仍通过与多位男性情人交往来满足自己持久不衰的性欲。她说，这些男人让她保持健康、快乐、兴奋和满足，她唯一抱怨的是那些年轻的情人缺乏耐力。

对这一领域进行探索的时机已经成熟，我们鼓励读者进行相关研究！

90至100岁

类似本章开头的那种故事——90多岁的老人在性方面仍然异常活跃——屡见不鲜。伟大的西班牙艺术家巴勃罗·毕加索著名的逸事是他八九十岁时总是在工作室周围徘徊，试图勾搭年轻姑娘。

人类的活力与性欲就像一对双生的火焰，在人的一生中始终熊熊地燃烧，而浪漫的动力实际上会随年龄增长而增强。

嘲笑与偏见

既然事实如此明显，我们怎么会有那样错误的认识呢？答案就是，大多数现代国家都在孩子成长的过程中给他们灌输了错误的想法，即身体是肮脏的，性是下流的，生下后代之后，人的性功能就该结束了。

这种想法的可悲且讽刺之处是，孩子们在成长过程中会以为他们的父母是没有性欲的。他们无法想象自己的父母曾经做过那些使他们获得生命的活动。这种想法会以自身为养料生长壮大，成为一种自我实现的预言，并流传下去，无情地将种子撒播到一代代人身上。

爱是大脑的食粮

大脑研究和营养学研究进一步证明，性爱在人的一生中会持续发挥作用。研究发现，大脑的生存依赖于 5 种必需的“营养素”：

1. 氧气
2. 食物
3. 水
4. 信息
5. 爱

我们都知道大脑必须在有氧气、食物和水的条件下才能正常运转。但人们常常没有意识到，随着年龄增长，信息和爱对大脑的健康活跃也是至关重要的。没有这些必需的元素，大脑就会退化，最后死亡。

一个简单的思想实验就能让你相信爱的重要性。想象一下，如果你爱的人精心挑选了几句最有力量的话，让你相信他们不只不爱你，而且对你的存在漠不关心，你会受到（或已经受到过）多么具有毁灭性的生理层面上的影响。大脑确实需要爱，也需要与爱相伴的身体接触和抚摸。

认识大脑 | 苗条的兔子

在进行胆固醇摄入相关的实验时，发生了一件趣事，可以证实大脑对爱的需求。美国营养学家威廉·格拉瑟在实验中给兔子喂了富含胆固醇的食物，这个实验的目的是确定胆固醇的理想摄入量和胆固醇摄入量提高到什么水平时会导致不健康的体重增长。

作为实验对象的兔子住在多个公共笼子里。格拉瑟和同事们先是让它们摄入各种不同的食物，然后都摄入同一种高胆固醇食物。之前的所有变量都保持不变，并假设所有兔子的身体反应方式都类似。

不同寻常的是，所有笼子里的兔子的表现都符合预期，只有一笼兔子例外。这些兔子与其他笼子里的兔子基因都相同，但出于某种无法解释的原因，它们仍然敏捷、苗条、健康，而其他笼子里的兔子的体重都符合预期地增加了。

格拉瑟和同事们进行了深入分析，比较了血液样本，检查了基因数据，分析了笼子材料，确认了所有兔子的所有环境变量确实是相同的，还复查了它们的饮食记录，以寻找异常情况。

每个方向的调查都通向了死胡同。

大约一周后，与一切预期相反，这些苗条的兔子在摄入高胆固醇食物的同时仍保持着敏捷的行动和苗条的身材。一位研究人员偶然在深夜路过，发现实验室的灯亮了。他进实验室查看情况，发现一位夜班研究人员正抱着一只体重不符合预期的苗条兔子。当被问及她在做什么时，这位夜班研究人员解释说夜班经常会很无聊，她非常喜爱动物，尤其是兔子，所以她会定时让自己休息一会儿，走进实验室，花 5 到 40 分钟抚摸这个笼子里的兔子，和它们玩耍，她已经对这些兔子有感情了。

这个实验让研究人员得出了一个令人震惊的结论，这是任何人都没有计划的，也是出乎所有人预料的。正如格拉瑟博士在研究结论中所说："爱吃什么就吃什么，但每天都要有一点儿爱。"

保持身体健康

医学科学每天都在提供新证据，证明如果锻炼得当，人的身体可以在百岁时依然非常健康和强壮。那种全球性的错误观念，即认为人过了 20 多岁的前半段后一切身体机能都会不可避免地迅速衰退，正在被扔进历史的垃圾箱。

保持良好锻炼习惯的人体内的血液量要比很少锻炼的人多四五百毫升，而血液的功能是为所有器官，特别是大脑和生殖器，提供高质量的氧气供给。强壮的心脏跳动速度更慢、更有节奏，这可以减轻压力并增强信心。锻炼可以使所有器官都更有效地运作，降低疾病风险，提升肌肉力量，提高人整体的敏锐度和精力水准，还能大大增强体力、脑力和性方面的耐力。

在你的一生中每周都应该进行大约 3 次以下 3 种形式的锻炼，每次至少 20 分钟（尤其是如果你想保证性生活长久的话）。

1. 有氧运动。有氧运动是指让你的心率保持在每分钟 110 至 150 次的运动形式。此类锻炼的最佳形式包括游泳、使用有氧类健身器械、骑自行车、划船、跳舞、跑步、快走以及激烈的性爱。

2. 灵活性。婴儿般的身体灵活性可以终生保持。马格丽·欧文斯是一位退休的瑜伽教练，虽然她因黄斑病变而几乎完全丧失了视力，但她现在仍然每天早上练习瑜伽，而且还能做很多二三十岁的人也做不到的动作——劈叉！马格丽并不认为她的灵活性是因为好运气或上天眷顾，她将之归因于自律——每天都练习瑜伽，她认为这同时也帮助她保持敏锐的头脑。“最近很多专家都说做瑜伽对记忆力有帮助。还有人告诉我，以我的年龄而言，我的记忆力非常好。”

3. 力量。肌肉力量同样可以终生保持。保持肌肉力量的极佳方法包括力量训练、划船、快速游泳、跑步、体操类舞蹈、等长训练以及一些更具运动性的性爱形式。

做这些运动值得吗？当然值得！

身体在散发健康能量的同时，也会向接触到的每一个人传递几十亿条性和其他方面的信息。你的身体机能要比你想象的复杂得多，也珍贵得多。看看下一节的内容，你就会发现人体是多么不可思议，认识到保持健康的重要性，并明白当你探索爱与性的关系时，你是在探索一个奇迹。

认识大脑 | 让身体更灵活

优秀的锻炼方式包括：合气道、太极拳、游泳、体操、舞蹈以及用灵活的思维和身体来做爱。

印度性爱圣经《爱经》（*Kama Sutra*）是一本极佳的指南。

人体的奇迹

如果你的身体机能在一生中是持续发展的，那么你发展出的到底是什么呢？

请思考下面这些关于普通人（也就是你）的惊人事实。

1. 每个人都是由父亲体内生成的几千万到几亿个精子中的一个和母亲体内生成的一个卵子创造的。这些卵子非常小，直径在 0.15 毫米左右。
2. 每一次受精过程都有几亿个创造出不同的人的可能。其中每一个人都是独一无二的。
3. 人类的每一只眼睛中有一亿多个光受体。
4. 人耳基底膜约有 24 000 条横纤维，能够感知巨大范围内的空气振动，并分辨其中的细微差别。
5. 为了增强身体的运动能力、移动能力和环境敏感性，我们拥有 200 多块结构复杂的骨骼、几百块能完美协调的肌肉和总长度达到 11 千米的神经纤维。
6. 人类的心脏每年跳动 3 000 万 ~5 000 万次，每年要通过体内全长 9 万多千米的血管（包括动脉、静脉和毛细血管）向全身输送血液。
7. 如果把一个人的肺摊开，可以覆盖一整个网球场。
8. 人体内循环的血液中含有 22 万亿个血细胞。每个血细胞由数百万个分子组成，每个分子内都有每秒振动超过 1 000 万次的原子。
9. 每秒有几百万个血细胞死亡，同时又有几百万个血细胞新生。
10. 人脑中有大约 860 亿个神经元或神经细胞，这几乎是现在全球人口总数的 10 倍。
11. 人脑中有 1 000 万亿个蛋白质分子。

12. 每个人体内有 400 万个伤害性感受器。
13. 每个人体内有 50 万个触摸传感器。
14. 每个人体内有 20 万 ~40 万个温度传感器。
15. 每个人的身体里都蕴藏着巨大的原子能。
16. 据估计，从古至今，地球上已有大约 1 100 亿个人类生活过，其中每个人都与其他所有人迥然不同。
17. 人类的嗅觉系统可以以化学方式识别出空气中含量仅有万亿分之一的物质的气味。

认识大脑 | 性与大脑

在你的一生中，你的身体始终蕴含着潜在的强大性力量。你可能会惊喜地发现，你的身体里有地球上最大的性器官——不是生殖器，而是大脑！性是一种身心都要参与的活动，其中心智方面发挥的作用更加强大。如果你能在一生中持续提升自己的心智能力，尤其是想象力，你也会使自己的性能力不断提升。

大脑、性、爱情与浪漫

国际记者南奇·黑尔米希采访了那些最畅销的言情小说作家，讨论小说中男女主角最具性吸引力的品质。对于那些随着年龄增长努力提高自身心智表现的人来说，结果会特别令人满意。

茱迪·麦娜，著有《宛如天堂》(*Almost Heaven*)

理想的男主角：“坚强、机敏、有智慧。我笔下的男主角都是善于沟通的人。”

理想的女主角：“和男主角类似。有幽默感，聪明。”

希瑟·格雷厄姆·波泽塞雷，著有《禁忌之火》(*Forbidden Fire*)

理想的男主角：“相处愉快、诚实、聪明。”

理想的女主角：“绝对要有自己的主见。聪明、机灵、敢于冒险。”

唐娜·希尔，著有《心之室》(*Rooms of the Heart*)

理想的男主角：“你梦想中的男人，坚强但也可以温柔，以事业为重。”

理想的女主角：“女主角要坚强、果决，能兼顾事业和情感生活，聪明、温柔，通常都很有魅力。”

伯特丽斯·斯莫尔，著有《喷火》(*The Spitfire*)

理想的男主角：“一个有智慧，又乐于向女性学习的男人。一个有幽默感的人。”

理想的女主角：“我喜欢有幽默感的女人。女主角不能只是一个会对异性的示好做出反应的花瓶。她得有脑子。”

或许会令人惊讶的是，头脑和智慧在性吸引力因素排行中名列前茅。

我们在第二章中的预期寿命计算部分已经展示了，如果你每周享受一到两次有规律的性生活，你的标准预期寿命可以增加两年。如果你的智力高于平均水平（平均智商定为100），那么你的预期寿命还可以再增加两年。

保持开放的心态

我们现在可以得出结论，性生活并不会在人的一生中不可避免地衰退。这是一个有无限的机会、无尽的快乐和丰富的可能性的领域，我们可以学习并与他人分享人类之间的亲密关系。

不管你的年龄多大，如果你进入性领域时有健康美好的身体，有聪明、创新、敏捷、警觉的头脑，并保持好奇、开放，有探索性的、孩童般的、浪漫、关切的态度，那么你的性生活和伴侣关系就会越来越愉悦。

我该怎么做?

保持性健康的关键，就是让心智和身体都不要衰老。

1. 每周至少锻炼 3 天。考虑每周锻炼 6 天，交替进行有氧训练和力量训练。
2. 每天做伸展运动或练习瑜伽、太极拳、气功，以增强身体的灵活性。
3. 通过阅读、游戏、谜题和教育来调动自己的头脑。性不只关乎身体，事实上，它主要是与大脑相关的。
4. 将性作为你生活中的优先事项，培养性关系，并和伴侣共同探索。
5. 寻找更多与伴侣共同享受乐趣与浪漫的方式，而不仅仅是在卧室里。你们一起在卧室外玩得越快乐，在卧室里也会越开心。

第八章

身体健康，大脑才健康

要关注你的健康；你如果拥有健康的话，
就赞美上帝吧，珍视自己健康的程度应当
仅次于珍视自己的良心，因为健康是我们凡人
所能获得的第二大福气，一种金钱买不到的福气。

——艾萨克·沃尔顿《钓客清话》

在第四章中，我们了解到，在任何一个随着年龄增长而进步的过程中，脑细胞都是核心。现在，我们为你准备了另一个挑战——在生活中全面养成有益的新习惯，并提升身体的健康水平。只有这样，指导你行动的脑细胞——总数高达 10 亿个的微型生物计算机——才能发挥出最大的能力，并以最有效的方式增加它们潜在的连接数量。

我们引用医学专家的观点，解释了运动和健康饮食对延长寿命和保持身心健康的益处。想要拥有健康的头脑，你就必须不断努力，保持强健的体魄。

认识大脑 | 哈佛研究：剧烈运动可以延长寿命

忙碌的高管们可能偶尔会往自己已经排得过满的行程表里再塞进一场壁球比赛或者高尔夫球赛。办公室职员有时可能会在午餐时间去上一节健美操课。但他们如果除了想要保持竞争心态或苗条身材之外，还想从日常锻炼中获得更多好处，就必须选择更激烈的运动。研究人员在 20 多年的时间里跟踪调查了 17 300 名中年男性，发现那些几乎每天都进行剧烈运动的人要比那些每周只出一两次汗的人更长寿。领导这项研究的李依敏（音译）博士表示，未尽全力的锻炼不足以产生深远影响，轻度锻炼不会令你更长寿。

——《美国医学会杂志》

身体与精神食粮

你应该吃什么食物，才能让身心的耐力和能量保持在巅峰状态呢？这是一个非常重要的话题。我们决定请安德鲁·斯特里涅尔博士给出他的个人建议，他是一位英国顾问医师，对营养与心智提升的关系非常感兴趣。下面是他专为本书读者提供的建议：

我一直对营养学很感兴趣。遗憾的是，当我开始接受正规医学教育时，我发现课程中没有包含营养学，这种情况的结果是，我觉得自己对营养学的了解并不比病人多多少。不过了解自己的局限也可以坚定我解决问题的决心。因此，在继续探索的过程中，我很幸运地发现了麦卡里森协会。

该协会最初由多位医生、科研人员和兽医共同创立，致力于研究营养与健康之间的关系，并传播相关知识。

然后，我发现世界各地还有很多研究人员在做这方面的研究，而这方面的研究状况令人震惊。尽管已经有了很多研究成果，但这些成果往往停留在研究人员手中（其中一些人似乎不知道还有其他人也在研究此领域），公开发表的速度非常慢。奇怪的是，其中很多内容先出现在大众媒体上，经常是在杂志的文章中，对营养学越来越感兴趣的普通公众会阅读这些内容，然后反过来给医学界施加压力，催促医生寻找他们希望知道的问题的答案。

令人欣慰的是，牛津大学和南安普敦大学等高校的医学院将营养学加入了医学课程。

营养学研究令人更加着迷之处在于，其他学科的研究者也会对这个领域做出贡献，包括流行病学家、人类学家、古人类学家、解剖学家、生理学家、生物化学家，当然还有临床医生。

对那些计划晚育的人来说，营养尤其重要。

受孕前的健康状况

请记住，父母双方都要为胚胎提供遗传物质。准爸爸与准妈妈的健康状况同样重要。例如，长期以来，人们认为唐氏综合征出现的原因是母亲年龄太大了，生不出健康的孩子。但法国的研究报告中提供了可信的证据，证明很多婴儿的唐氏综合征是由父亲一方的缺陷造成的，很可能是因为父亲营养不良，而不是他年龄较大。

怀孕期间的健康状况

动物饲养员和兽医学家早就知道，保证动物母亲在怀孕期间有良好的营养摄入对幼崽的健康至关重要，而且他们也在竭尽全力确保这一点。但直到最近，人类母亲才获得相同的关注。现在，人们认识到婴儿的神经管缺陷（大脑和脊髓发育不良）可能是由母亲日常饮食中的营养不足引起的。在英国，这种疾病的原因似乎往往是缺乏叶酸（一种B族维生素），而在都柏林进行的研究也表明，缺乏维生素 B_{12} 是病因之一。其他研究表明，在一些远东国家，重度缺锌也会导致类似的缺陷。

大脑的食谱

对于婴儿来说，大脑最重要的食物是奶——人类的乳汁。为了说明这一点，我们来举个例子。

小牛出生时，体重在 80 至 100 磅（36 至 45 千克）。经过 6 个月的母乳喂养后，小牛的体重接近 500 磅（227 千克）。与之相比，人类婴儿出生时体重通常只有 7 至 8 磅（3 至 4 千克），6 个月大时体重也只有 14 磅（6 千克）左右。

不同之处在于，牛奶中含有大量身体生长所需的蛋白质，还有大量饱和脂肪，可以为生长提供能量。而人类乳汁中的蛋白质含量与牛奶相比要少得多，饱和脂肪也相对较少，但含有大量不饱和脂肪酸。其中一些不饱和脂肪酸和另一些被称为脑苷脂的物质，对大脑和全身神经组织的结构和功能有重要意义。人类婴儿需要这些物质，因为人类的大脑从出生起的大约 3 年内会持续生长，而同一时间内牛的大脑几乎没有变化。

简而言之，人类乳汁主要促进大脑发育，而牛奶主要促进身体发育。

长寿饮食

下面的饮食建议中，有一些可能与当今流行的观点相反，但这些建议是基于最新的饮食营养知识给出的。每一条建议都需要一整本书才能解释清楚，这里只能给出简短的解释。为了过上更长寿、更健康的生活，一个合理且令人愉悦的营养饮食方案应包括：

任何种类的瘦肉，还有肝和肾等动物内脏。它们能提供蛋白质、碳水化合物、水、矿物质、一些维生素，以及非常重要的、人体必需的 ω–3 脂肪酸。这些物质对于细胞膜更新、激素分泌、矿物质在体内的输送以及很多神经递质的形成都是必需的，这些神经递质保障了大脑和神经正常发挥功能。

任何种类的鱼，包括油性鱼类，如鲱鱼、鲭鱼、沙丁鱼、金枪鱼和鲑鱼等。油性鱼类也是 ω–3 脂肪酸的来源之一。很多饮食建议非常严苛，让人听了就没胃口，但是想想看，烟熏三文鱼、牡蛎、龙虾、螃蟹和对虾能给你带来多少美食之乐！

各种蔬菜，叶、茎、根、豆类、木耳、蘑菇、西蓝花、土豆、圆白菜、菠菜、生菜、豌豆、蚕豆、洋葱、大蒜、辣椒……这些蔬菜都是各种矿物质、维生素、膳食纤维和另一类人体必需的脂肪酸（ω–6）的重要来源。

水果和浆果，要遵循适量、当季的原则。少量食用或饮用含糖量过高的水果和果汁饮料。

坚果和果仁，包括核桃、碧根果、腰果、扁桃仁、葵花籽等，它们都是蛋白质、膳食纤维、维生素、矿物质和健康脂肪的重要来源。

偶尔吃鸡蛋，可能每周吃两三次。这个限制并不是因为鸡蛋的胆固醇含量（那点儿含量对健康人来说微不足道），而是因为过于频繁地食用鸡蛋可能会使部分人不耐受。这令人遗憾，因为鸡蛋对人类来说是一种极有价值的食物。

尽可能减少摄入饱和脂肪，包括黄油、乳制品、家养牲畜的肉（如羊肉、牛肉和猪肉）的脂肪。然而，也不能完全放弃这些食物。它们有助于一些脂溶性维生素的吸收，并能为菜肴提供质感和风味，但它们最主要的价值在于它们是浓缩的能量来源。任何需要进行大量体力活动或生活在低温地区的人都需要这类食物来满足能量消耗。

戒掉糖和深加工食品，例如饼干和蛋糕等。尽管人体最主要的能量来源就是糖（葡萄糖），但人体偏好以摄入的食物为原料自己制造糖类，并保持体内正常的糖类水平。饮食中过多的糖会扰乱人体的平衡机制。糖也是与心脏病显著相关的因素之一。

谷物（谷类食品，尤其是小麦制品），应适量、谨慎食用。黑麦面包通常比小麦面包更健康。

牛奶和奶制品同样应谨慎食用。

从人类进化的角度来看，最后三类食物在我们的食谱中是相对较新的。有确凿的证据表明，很大一部分人会对牛奶和小麦蛋白不耐受。

我们都听说过，为了补钙一定要喝牛奶，这不是真的！仔细想想，动物离开母亲后都不再喝奶了，但它们都能发育出骨骼和牙齿。事实上，几乎所有我们吃的食物中都含有钙，而且我们为你制订的饮食方案提供了超过人体所需的钙含量。

毫无疑问，营养状况与心智能力之间存在很强的关联性，为了强调这种关联性，我们在这里引用约翰·哈里斯的一封信中的内容，他是雷蒙德·基恩为《泰晤士报》撰写的国际象棋专栏的读者：

> 我之前一直不太擅长国际象棋，但二战时我在沙捞越的古晋战俘营里下了很多棋，取得了巨大的进步。我们之中有位老兄叫普尔，他是蓝烟囱航运公司驻巴达维亚的海事主管，他的棋艺很出色。伟大的国际象棋世界冠军阿廖欣曾与40位棋手同时对弈，他是那40人之一，也是其中唯一赢了阿廖欣的人。他教会了我一些基本原则。
>
> 正是在下棋时，我第一次注意到，由于食物严重短缺，我出现了心智能力衰退的迹象。大约在1944年中期，我发现自己在思考棋局接下来的步数时没法像以前那样想得那么远了，这种情况愈演愈烈。
>
> 幸运的是，只要身体的健康状态能够恢复，人的智力就算不能完全恢复，也可以恢复得差不多。

这是一个恢复心智能力的乐观事例。

有氧运动

有氧运动可以提高呼吸效率和体内输送氧气的效率。所有有氧运动都涉及深呼吸和手臂及腿部的肌肉反复运动。为了获得最大的益处，每周应进行 3 次有氧运动，每次至少 20 分钟。然而，和所有锻炼一样，这只适用于身体健康状况良好的人。如果你对此有任何疑问，或有任何心脏病史，请先咨询医生。

认识大脑 | 锻炼是身体的良药

位于西萨塞克斯郡黑尔舍姆的澙湖疗养中心表面看起来与其他本地议会运营的疗养院无异，但它似乎更像是一处圣地。英国政府的内阁大臣和英国各地的医生和学者都曾来访此处，对这里的疗养能力赞叹不已。

多年前，全科医生戴维·汉拉蒂开始为这家疗养中心病情最严重的病人开运动处方。结果令他十分惊喜。一位 67 岁且体重超重的高血压、糖尿病患者可以停用处方药了，因为在 6 个月的运动锻炼后，他的糖尿病症状完全消失了。并不是所有病人都能通过运动获得如此惊人的成效，但所有参与运动治疗的病人都感觉有明显好转——无论他们所患的疾病是抑郁症、冠心病还是直肠癌。

从那时起，当地的 70 位全科医生开始在澙湖疗养中心为患者开具运动处方，3 000 多名患者从中受益。

一场严重的事故导致乔治·克鲁部分身体瘫痪，而他的妻子菲利斯的背部则无法伸直。这对 70 多岁的夫妇表示，他俩自从开始在疗养中心游泳以来，感觉身体状态好多了，行动也更方便了。

运动处方对戒烟人群、产后抑郁和慢性精神疾病患者也有奇效。汉拉蒂医生说：“我曾让一名精神分裂症患者来中心接受运动疗法。她现在需要服用的精神类药品量大幅减少，病情也得到了更好的控制。”运动疗法是如何发挥作用的？汉拉蒂医生认为，运动可以增强病人的自尊心，并刺激免疫系统更好地发挥作用。

——《观察家报》

有氧运动的种类很多，包括快走、慢跑、自行车、划船、跳舞、跳绳、游泳、壁球、网球、滑冰、越野滑雪、慢速长跑、负重循环训练等。其中一部分运动（跳舞、散步、慢跑、游泳等）同时也具有社交属性。如果你就是讨厌运动这个概念，那么和你的宝贝小狗一起快步走怎么样？

在家或在健身房锻炼的方式非常多。在众多健身器材中，室内划船机是一个很好的选择。划船可以锻炼全身，包括心脏、肺和循环系统，同时塑造和调整腿部、背部、肩部和腹部的肌肉。全身大范围的运动也可以提升并保持你的身体灵活性。因为划船是一项没有瞬间冲击的运动，所以它给关节造成的负担也会更轻。

要坚持锻炼计划并获得好效果，关键在于反馈。现在有很多不同的健身监测设备可供选择——有的内置在运动器械中，有的则是可穿戴设备。这些设备可以监测你的速度、热量消耗、距离、目标输出水平、锻炼时间和心率。很多运动监测设备还有记忆功能，你可以在完成锻炼后用它们来回顾自己的锻炼过程。

认识大脑｜明智饮酒提高智商

最新的好消息来自《年龄与衰老》杂志。该杂志报道，惠廷顿医院的斯蒂芬·艾利夫博士的研究表明，在老年男性的智力测试中，饮酒者的得分高于不饮酒者。研究还表明，超过96%的饮酒受试者都遵循英国医学协会建议，严格限制饮酒量，因此较高的智力与适度饮酒有关。

——《欧洲人》杂志

这一发现与我们关于明智饮酒的结论完全一致，也符合第二章中的预期寿命计算表。根据预期寿命计算表，重度饮酒者和完全不喝酒的人预期寿命都低于适度饮酒者。

要记住：如果你正试图让自己的饮食变得更健康，或者首次尝试进行有氧锻炼，那么我们在第四章中提出的关于将根深蒂固的坏习惯变为有益的新习惯的建议对你来说至关重要。

现在请看图 8.1，它鼓励人们以合理饮酒的方式来预防心脏病。在当前的工业化世界上，心脏病是致死人数最多、发病率最高的疾病之一。图 8.1 显示，在欧洲各国中，每年人均饮用葡萄酒数量越多的国家，每 10 万人中因心脏病死亡的人数就越少，其中心脏病致死比例最低的法国，每年人均饮用葡萄酒的量也最多，每年人均饮用 15.5 加仑（约 70 升）葡萄酒。

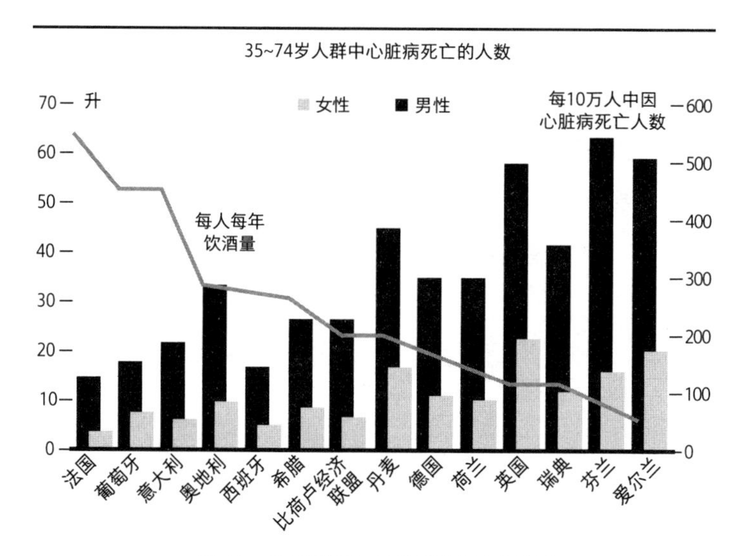

图 8.1　饮用葡萄酒与心脏病致死率的关系

交替进行有氧与力量训练

大多数运动教练和很多医生都建议，应交替进行有氧运动

（例如慢跑和骑自行车）和力量训练（例如举重）。原因是有氧运动是分解代谢的，而力量训练是合成代谢的。分解代谢是指人体代谢中将大分子分解成小分子的化学反应，例如分解蛋白质、脂肪或碳水化合物以获取能量。合成代谢则是指用小分子合成大分子的化学反应，例如用氨基酸合成蛋白质。

组成人体的所有细胞都需要能量来保持健康和正常运转。身体所需的能量来自我们食用的食物或储存的碳水化合物、脂肪和蛋白质（例如肌肉）。如果只做了太多的有氧运动（分解代谢），而没有做力量训练（合成代谢），就有可能耗尽体内储存的能量物质，使身体更容易生病。

另外，如果锻炼方法得当，力量训练可以在肌肉纤维中造成微小的撕裂，从而刺激肌肉生长，这些微小的撕裂在大约 24 小时内就会愈合。通过交替进行力量训练和有氧运动，你可以给肌肉保留 24 小时的恢复时间。

有一种名为 HIIT（高强度间歇训练）的方法，将有氧运动与力量训练结合起来，交替进行，越来越受大众欢迎。在 HIIT 训练中，你通常需要佩戴心率监测器，交替进行高强度运动和低强度运动，并配以适当的休息。例如，先以目标心率跳绳 30 秒，然后做 60 秒平板支撑、举重，或者用舒适的节奏步行。

提升智力，降低血压：养宠物

墨尔本贝克医学研究所的沃里克·安德森提供了迄今为止

最有力的证据，证明养宠物不只对我们的心理健康有益，对身体健康也有好处。安德森对 5 741 个年龄在 20 岁到 60 岁之间的人（其中 784 人养宠物）进行了调查，并为他们提供免费的健康风险评估。

调查结果显示，相比未养宠物的人，养宠物的人精神压力较小，胆固醇水平和血压都明显较低。在不同饮食习惯或不同社会经济地位的群体中，养宠物都有类似的效果。

詹姆斯·塞尔佩尔于 1985 年在剑桥大学创立了伴侣动物研究小组，他认为养宠物与不养宠物的人群之间存在令人印象深刻的巨大差异，这种差异“比类似的对比研究中发现的其他健康提升效果差异都大，包括对素食者与肉食者的研究，或对有规律地进行锻炼的人与不经常锻炼的人的研究”。

宠物的力量

这项新研究同样符合第二章中的预期寿命计算，该计算方法认为拥有亲密的朋友可以延长你的寿命。有心爱宠物陪伴产生的效果可能与此类似。众所周知，抚摸宠物可以减轻心理压力，降低血压，并使人产生一种整体的幸福感。这种效果非常明显，所以在一些养老院，人们发现，如果养老院里有一只猫供老人们抚摸和逗弄，老人们就会感到放松，他们的安眠药用量也会因此而减少。你想变得苗条、保持健康、减轻压力并延长寿命吗？养宠物可能就是答案之一。

达·芬奇睡眠法

传说中，列奥纳多·达·芬奇会花每 4 个小时中的 15 分钟打盹儿，这使他在一天 16 小时的工作中一共可以多睡一个小时。

波士顿昼夜节律生理研究所的研究员克劳迪奥·斯坦皮表示，这种打破常规的睡眠时间安排具有生物学上的合理性。他说，大多数动物天生就是以这种方式睡觉的。

在一项为期 3 周的研究中，一位平面艺术家采用达·芬奇睡眠法后非常喜欢它的效果，他自愿报名参加了后续的试验。此外，对单人航海选手的研究表明，每次睡眠时长最短的参赛者比每次睡眠时间较长的参赛者表现更好。

斯坦皮提倡，在可行和适当的情况下，可以温和地尝试达·芬奇睡眠法。

需要注意的是，在计算预期寿命时，如果经常连续睡眠超过 10 小时，则需要从标准预期寿命中减去 2 年。

我该怎么做？

1. 改善饮食习惯。早餐要规律、丰盛。避免过量饮酒（不要在短时间内摄入过多酒精）。
2. 摄入足够的水分。强烈推荐花草茶。咖啡和茶也都可以，但应避免含糖饮料，如果你觉得“没有含糖饮料就活不下去”，那就要小心了。

口渴和出汗的现象会告诉你该喝多少水，口渴了就喝水，出汗多就多喝水。也可以尿液的颜色为指导。正常的尿液应该是浅黄色的。如果尿液接近透明，你可能喝了过多的水。如果尿液是深黄色或橙色，你可能需要多喝水。

3. 从人类进化历史的维度上来看，牛奶、谷物、意大利面和面包等小麦制品、其他加工食品和反季节水果是新加入人类日常饮食中的。因此，它们常常会引起过敏、敏感或不耐受。所以在食用这些东西时应当小心谨慎。
4. 定期锻炼——每周至少 3 次，每次至少 30 分钟。
5. 在开始执行一个持续做剧烈运动的锻炼计划之前，或者你想锻炼但怀疑自己身体某个部位有问题，请先咨询医生。
6. 考虑以下锻炼方式：在公园、公共场所或乡野快步走（如果你养的狗不会拖慢你的速度，也不会每隔 10 秒就要停下来闻一闻周围气味有什么不对的话，把它也带上）、跑步、长距离慢跑、马拉松训练、越野滑雪、划船、骑自行车、跳舞、游泳以及滑冰。
7. 加入网球、游泳、格斗或滑冰俱乐部，健身房也可以，这可以扩大你的朋友圈，增强你整体的社交意识。
8. 请记住，抚摸对人和宠物都有益处。
9. 把长时间的睡眠分成多次小睡。

10. 对自己的饮食情况（吃什么东西、什么时候吃、吃多少）与身心表现之间的联系保持敏感，并做出相应的调整来让自己的身心感受更舒适。

现在你生理与心智连接的“管道”已经完全接好了，你的身体应当变得更健康。这样你就可以在生理和心理健康的前提下，随着年龄的增长有针对性地培养自己的思维，使其更清晰、更流畅。为了做到这件事，你必须找到正确的公式，开启自己头脑中的巨大发电机。在下一章中，我们将向你介绍一件秘密武器——一种被称为“大脑的瑞士军刀”的工具。

第九章

秘密武器：思维导图

本章的重点是通过使用东尼·博赞发明的思维导图，改进你思维和心智处理过程的组织结构。对解决第三章中提到的问题，即四五十岁的人最需要改善的20个心智领域，思维导图格外有效。

在你工作、生活、演讲，甚至制定个人待办事项清单时，使用思维导图可以帮你对抗思维混乱现象，而这种现象常被误认为是年老和智力衰退的表现。

思维导图的巨大价值

雷蒙德·基恩如此评价思维导图："如果你在商业、学术、服务或工业领域工作，你会发现思维导图有不可估量的巨大价值。我曾受邀在伦敦皇家学院发表演讲，讨论计算机能否在国际象棋领域击败人类世界冠军。我必须保证这次演讲的时长是精确的60分钟——不能多也不能少。我使用了思维导图做演讲稿，它的精确度可以说是达到了纳秒级别。演讲后，学院的学者和教授们围在讲台周围，惊叹于这种新形式的讲义，这令我极为欣喜。"

认识大脑 | 图像改变了代数世界

简明易懂的图像，而不是大量费解的计算过程，可能是改善数学和物理科目教学效果的关键。

对艾萨克·牛顿爵士等伟大科学家的研究发现，他们使用了无数草图来揭示物理定律。如今的学生则不得不在大量的代数计算中苦苦寻找出路。很多人因一直埋头苦读而对潜在的现实缺乏基本的理解，人们认为这导致了天文学、工程学等学科的毕业生对自己的研究领域缺乏热情，能力平庸。

研究人员把科学天才们的图像化学习法应用到计算机教学系统中，这可能会激励学生去探索更伟大的事情。这一系统使用动态图像向学生解释牛顿运动定律、动量守恒定律与能量守恒定律。

彼得·程博士是一位心理学家，他在位于诺丁汉的隶属于英国经济与社会研究委员会的发展、教学与培训中心工作。程博士说："新的教学系统让你能够用几何形状来绘制示意图，从而找到问题的答案。这使代数学习过程变得生动了。"

——《泰晤士报》

下面，东尼·博赞将讲述他革命性的思维导图概念的起源。

思维导图的起源

思维导图诞生的第一个重要步骤发生在我 14 岁时。当时我接受了无数关于智力、阅读速度和记忆力的测试，并被告知我永远无法改变这些测试结果。这不仅使我恼怒，也让我不解。毕竟，体育锻炼能够让你的身体变得更强壮，那为什么精神锻炼就无法改善你的心智表现呢？

我马上开始研究这个问题，并意识到如果我找到正确的技巧，我的测试得分肯定会提升。在这一阶段，我同样意识到，要理解一个课题，效率最低的方法就是做传统形式的笔记，也就是我的老师们通常期望学生做的那种。我发现传统笔记枯燥乏味、毫无价值，而且似乎我记的笔记越多，理解的内容就越少。

20 岁时，我在不列颠哥伦比亚大学上学，开始认真致力于提高记忆力和记笔记的能力。这项研究发展出了两方面的成果。

1. 我研究了记忆的本质。这必然包括意象化和联想。

2. 我研究了天才们记笔记的方法。我观察到，他们无一例外地都使用图像、图片、箭头和其他连接方式，而那些学术成就较差的人只会做由一行行纯文字组成的笔记。

这项研究的成果就是思维导图。我发现的东西越多，我就越兴奋。我感觉自己就像发现了埃及法老图坦卡蒙陵墓的考古学者。我先是通过孔洞窥视，看到了一些模糊的形状，可能是美妙的文物。然后，我走进了那个几乎没有光的墓室，亲眼见到了墓室中的文物，意识到它们有令人难以置信的潜在价值。最后，我成功地使自己发现的伟大宝藏重见天日。

我非常想要把这一发现告诉全世界，现在仍然如此。思维导图的第一次广泛传播是在我的《启动大脑》一书出版和BBC（英国广播公司）同名电视节目播出时，这个节目在接下来的10年里每年都会重播。思维导图通过15年的全球学术、商业和政府机构巡回演讲被广泛传播。后来万达·诺思建立了博赞中心，这家中心主要培训放射性思考（Radiant Thinking）讲师，让他们学习思维导图的教学方法。

思维导图是一种强大的图像化技巧，它提供了解放大脑潜力的万能钥匙。它以一种独一无二的强大方式，全方位运用大脑皮质的各项能力——文字、图像、数字、逻辑、节奏、色彩和空间意识。在此过程中，它可以让你在大脑无限广阔的空间中自由漫游。思维导图可以应用在生活中的每一个方面，由它带来的更高的学习效率和更清晰的思维会提高你在所有方面的表现。现在，世界各地数百万人（年龄从5岁到105岁）在需要提升大脑效率时都会使用思维导图。

与路线图类似，思维导图能够：

1. 让你对一个很大的主题领域有整体的了解。
2. 让你有能力规划路线并做出选择。
3. 让你了解自己的目标和当前的进度。

4. 收集并保存大量数据。
5. 通过展示发挥创造性的途径，鼓励你大胆幻想，找寻解决问题的方法。
6. 使你做事非常有效率。
7. 使你愉悦地观看、阅读、思考和记忆。

思维导图法则

在开始创建你自己的思维导图之前，请先熟悉以下基本原则：

1. 在一张无横线的空白纸张的中央，绘制你要研究的主题的图像，要使用至少 3 种颜色。
2. 在整个思维导图中要使用图像、符号、代码和有立体感的画法。
3. 选择关键词并写出来，使用大写或小写字母皆可。
4. 每条文字信息或图像必须自成一行。
5. 必须从中心图像开始用线条连接相关的图像或文字。中间位置的线条更粗、更流畅，向外辐射的线条则更细。
6. 线条与文字或图像的长度应相同。
7. 在整个思维导图中使用多种颜色（颜色代表的意义由你自己决定）。
8. 在思维导图中发展出你的个人风格。

9. 思维导图要显示各相关主题之间的联系，并加以强调。
10. 用数字标注顺序，或在各分支外标出要点，以保持思维导图清晰。

请记住，思维导图是个人化的。制作思维导图的目的是提高你自己的理解力、记忆力和创造力。创造自己的思维导图时，你会发现最适合你自己而非他人的技术和风格。请选择最适合你自己的方法。

如何绘制思维导图

以下是创建思维导图的分步过程：

1. 准备一张足够大的白纸，或使用专为绘制思维导图而设计的本子。
2. 准备多支不同颜色的笔，从细笔到较粗的荧光笔都要有。
3. 选择你思维导图的主题、要解决的问题或课题。你的思维导图中心位置的图像要以此为基础。
4. 收集你所需的所有材料、研究结果和其他信息，确保你可能需要的任何资料都触手可及。现在开始在页面中央绘制中心图像。
5. 从中心的图像开始，在 A4 纸（尺寸约为 21 厘米 ×30

厘米）上，图像的高度和宽度约为 6.5 厘米；在 A3 纸（尺寸约为 30 厘米 ×42 厘米）上，图像的高度和宽度约为 10 厘米。

6. 在中心图像中使用立体感画法、表情符号和至少 3 种颜色，这样可以吸引注意力并帮助记忆。
7. 最靠近中心的分支线条要粗，从中间的图像出发，呈波浪状。分支上要写明基本排序思路或章节标题。
8. 如有需要，在各个基本排序思路末端画出更细的分支线条，写明该部分内容的补充信息。
9. 尽可能多地使用图像。
10. 图像或文字应始终位于相同长度的横线之上。
11. 使用你自己定义的颜色，凸显人物、话题、主题和日期，让思维导图更具吸引力。
12. 捕捉自己所有的思路（以及其他人贡献的思路），然后编辑、重组、美化、阐述，把这些思路整理清晰，这是思考的第二阶段，也是更高级的阶段。

我该怎么做?

查看表 9.1 为你清晰列出的思维导图的用途和效果。

如果你仔细研究思维导图的这些应用，你会发现思维导图清晰、可信、有力地解决了某些心智表现问题。事实上，思维导图可以解决前文提到的四五十岁的人在心智领域最关注的

20 个问题。

表 9.1　思维导图的应用

用途	效果
1. 学习	减轻学习负担，更轻松地面对学习、复习和考试。对自己的学习能力充满信心。
2. 概述	一目了然地快速掌握全局情况。了解各部分之间的相互关系和联动机制。
3. 专注	专注于任务，以获得更好的结果。
4. 记忆	增强记忆力，更有效地在脑海中查看信息。
5. 组织	组织聚会、假期、项目等。合理规划项目。
6. 演讲	使演讲变得清晰、放松、生动，使你发挥出最佳状态。
7. 沟通	以简洁明了的方式进行各种形式的沟通。
8. 计划	在一张纸上安排好从头到尾的所有环节。
9. 会议	会议的计划、议程、主持、记录等工作都可以快速高效地完成。
10. 培训	从备课到讲课，让培训工作更轻松。
11. 思考	思维导图可以具体记录你思考过程中各个阶段的想法。
12. 谈判	所有需要解决的问题、你的立场和操作空间都在一张纸上集中呈现。
13. 思绪绽放（brainblooming）	普通头脑风暴的升级版本，帮你生成更多思路，并更恰当地评估它们的价值。有些人认为，生成的思路越多，思路的质量就下降得越多。真实情况恰恰相反。你生成的思路数量越多，质量就越高。这是理解你自身创造力本质的关键一课。
14. 讲座	当你去听讲座时，使用思维导图可以帮你保留生动的视觉化记忆。

第十章

爱因斯坦方程：一项新挑战

$E=mc^2$

——阿尔伯特·爱因斯坦

既然你已经学会了使用终极心智工具——思维导图，下面我们就来看一些伟人的例子，他们在 40 岁到 90 岁之间仍能展现天才的智力。

本章稍后的部分中，我们将提供一个自我挑战列表，其中包括你为展现自己蓬勃发展的才能而需要培养的各项能力。

天才的标准

在心智能力方面，最高的荣誉是被人们视为天才。我们现在来讨论哪些关键品质会使人获得这种评价。你能训练自己去效仿这些歌德式的天才品质吗？

我们对“天才”的定义中包含了伟人们所拥有的众多特征，既包括精神方面的强大，也包括身体能力的强大。即使是那些身体残疾的天才，也能找到用于实现他们愿景与目标的力量。例如，剑桥大学的物理学家史蒂芬·霍金患有肌萎缩侧索硬化，医生曾预计他活不过 50 岁。然而，他活到了 76 岁，并在晚年保持旺盛的创造力，对科学发展做出了很大的贡献，甚至可与牛顿和爱因斯坦相匹敌。

认识大脑｜天才的本质

关于天才和创造力的一些常见理论——天才是天生的，或者天赋是上帝的恩赐——都是错误的观点。

去世前不久，阿尔伯特·爱因斯坦坦言：“我非常确定自己并没有什么特殊才能。在好奇心、求知的执念、顽强的耐力以及自我反省的态度共同作用下，我才有了我的那些想法。”发明家托马斯·爱迪生也赞同这一观点：“所谓神一般的天才——完全不存在！坚持到底才是真正的天才。”

天才的定义还包括拥有对未知真理的敏锐认知。毕竟，很多人耗尽心力，追求的却是错误的理论或想法。天才身上还有对任务的热爱，有信念、愿景、激情、承诺、计划、从错误中恢复的能力、对研究领域的知识积累、积极的心态、想象力、勇气和充沛的精力。你可以将这些与第六章中提到的年度最强大脑奖得主的品质进行比较。

我们亲眼见证的最非凡的智力成就的例子之一，是多米尼克·奥布莱恩在 1993 年的世界记忆锦标赛上的表现。他完成了众多壮举，其中包括先后两次完美地记住别人读出的 100 位随机数字的顺序（以每两秒一位数的速度朗读）。我们首次目睹这一壮举时极为震惊。我们从未见过这样的事，很难接受它是真实存在的。我们曾见过加里·卡斯帕罗夫等杰出的国际象棋棋手创造出蕴含着惊人智慧的棋局，但多米尼克·奥布莱恩取得的成就可以与其中任何一位棋手相媲美。在 1991 年的第一届世界记忆锦标赛中，他已经取得了一些令人印象深刻的成绩。但到 1993 年，他突然取得了飞跃式的进步。他能够记忆多达 1 000 个写在纸上的数字的顺序，而之前他只能记忆 200 个数字的顺序；他还能够在一小时内 15 次完整记住一副扑克牌随机打乱后的顺序，而之前他要用两小时才能完成相同的任务。从第一次看到他完成这一任务到现在，我们都觉得这真是太了不起了。

回顾历史，很多不同领域的伟人取得的各种成就都给我们留下了深刻的印象。下面只是其中的几个例子。

老年学奇迹

米开朗琪罗 71 岁时才开始正式担任罗马圣彼得大教堂的穹顶设计师，这一成就给我们留下了深刻的印象，米开朗琪罗全身心地继续这项工作，直到 88 岁去世。教皇指定他承担这项任务，米开朗琪罗没有抱怨自己年老体衰或精力不足，而是坚持创作，创造了人类史上最辉煌的艺术和建筑作品之一。

探索世界尽头

关于探险家克里斯托弗·哥伦布，一个经常不为人知的事实是，他是欧洲航海家中第一个敢于冒险以垂直方向远离海岸线航行的。在他之前的探险家因为担心会迷路，或者从大地的平面边缘掉下去，都没有这样做。从来没有人从欧洲直接穿越大西洋，去寻找未知的新大陆。唯一可能作为先例的是波利尼西亚群岛的航海者，他们确实远离了海岸，但更多的是从一个岛屿去到另一个岛屿，而不是驶向与海岸成直角的大洋。哥伦布在航海方面伟大的洞察力在于，他确信自己有办法返回起点，因为信风是双向的。哥伦布开始全世界第一次跨大西洋航行时已经 41 岁了。

盲英雄杰式卡

扬·杰式卡是一位雷蒙德·基恩特别崇拜的英雄，他是一位 15 世纪的波希米亚王国的将军。

他在青年时期的一场战斗中失去了一只眼睛，45 岁时又在战斗中失去了另一只眼睛，因此完全失明了。但是他继续作战，面对神圣罗马帝国的军队，他领导本国军队连续打赢了 12 场大战，而且其中大多数都是在极其困难的情况下取胜的。他的军队通常由未经军事训练的农民组成，在数量上也只有敌方军队的 1/10，但他一次又一次地取得了胜利。他精力充沛，在因瘟疫而死之前从未停止作战的脚步。直到 1900 年，欧洲人的平均预期寿命也只有 50 岁，因此，他取得的成就是非常了不起的。

认识大脑 | 能刺激神经突触增长的爱好

阿尔伯特·爱因斯坦和温斯顿·丘吉尔可能都通过练习看似与他们日常生活没什么关系的艺术，使大脑神经突触的数量获得了巨幅增长。爱因斯坦拉小提琴，而丘吉尔则画风景画。

——《生活》杂志

不确定性原理的军事应用

沃纳·海森堡是一位物理学家，他发现了不确定性原理。粗浅地说，这个原理就是你永远无法同时确定一个基本粒子的位置和动量，因为你对粒子位置的了解越多，你对它动量的了解就越少。他意识到这一原理不只是实验仪器或数学运算上的弱点，更是自然的基本规律。

这一成就本身就足够辉煌了，但海森堡在第二次世界大战期间原子武器的研发中也发挥了至关重要的作用。40 岁时，他是德国核物理方面的顶尖专家，但他的工作遭到了纳粹当局的打压。当纳粹当局意识到海森堡可能有能力帮助他们造出原子弹时，他们改变了态度。根据海森堡的说法，虽然他清楚原子弹项目完全可行，但他还是设法以各种技术困难和实际困难为借口，让纳粹相信原子弹行不通。这个他精心策划的骗局维持了大约 4 年。尽管人们对海森堡的说法莫衷一是，但可以想见的是，如果这个所谓的“骗局”没有奏效，第二次世界大战的结果可能会完全不同。

并不存在可以用于判定“天才”的单一或简单的确定性智力标志，比如语言或数学能力，但上面的例子都展示了天才们为了实现愿景展现出的惊人的毅力。这些人都高度专注于自己的目标，把所有其他因素的优先级置于目标之下。自我驱动力是天才定义中的一项关键标准。

另一个在天才中常见的倾向是，他们会把整个世界看成一个巨大的智商测试，并乐于接受世界向他们发出的挑战。

如何充分利用你的心智能力

首先要决定你想做什么事，并确定它对你有多重要。然后确定你是否有足够的动力把这件事坚持到底。你无法从别人那里得到结论，你必须自己做出决定。

我们经常不确定什么才是对我们而言真正重要的事，所以我们会认为列清单是个好主意。你现在可能已经意识到了，更好的方法是绘制一幅彩色的思维导图，其主题就是你的事项优先级。在思维导图中绘制出所有你感兴趣的事，然后根据它们对你的重要性来给它们评级。

例如，你可能决定要提升自己的收入，要集中精力找一份新工作，或者为当前的工作寻求更好的回报。或者，你可能觉得对自己最重要的是更好地享受假期，所以你会去学一门新语言，或者去探索另一个国家的文化，这样做的另一效果是刺激心智的发展。可能性是无限的，当然也是因人而异的，关键在于动力。如果你有足够的动力去做你想做的事，其他的一切都会迎刃而解。那些没有动力的人往往注意力涣散，不能有效地集中精力。

天才给我们的启示

重大的成就不是凭空实现的——需要合理的计划加上大量的努力才能实现。钦佩同行并想要效仿他们也是一个重要因素。很多艺术家的生涯都是按以下逻辑路线发展的："我想成为一个伟大的艺术家。甲和乙都是伟大的艺术家，我很钦佩他们的作品。所以，我会研究甲和乙的艺术生活，尝试效仿他们。"马基雅维利在他的著作《君主论》中也谈到了效仿的重要性。如果你的能力卓越，你就可以复制并超越你的榜样。如果你的能力不足，你就无法取得任何成就。犬儒主义是天才之敌。

自我挑战列表

以下是我们精选的心智与身体挑战项目，可帮助你在步入人生成熟阶段的同时提升你的生活质量：

1. 思维导图
2. 学习和研究（例如历史、哲学等）
3. 记忆
4. 速读
5. 创造性思维
6. 智商
7. 数学、科学、天文学
8. 艺术（例如音乐、舞蹈、绘画等）
9. 体育技能和运动
10. 语言
11. 演讲与交流
12. 个性发展
13. 游戏和智力运动（国际象棋、跳棋、桥牌、围棋、拼字游戏等）
14. 格斗术（合气道、柔道或空手道）
15. 旅行（探险、登山）

检查完这些内容后，你可以把你特别感兴趣的新技能标出来，并按照你决定学习它们的顺序来排列：

1. ____________________

2. ____________________

3. ____________________

4. ____________________

5. ____________________

更好的方式是把它们绘制成思维导图。

接下来，记录自己多年中的变化和进步。观察自己进步的过程！作为辅助标准，很多活动都有官方评估的级别或认证，你可以通过这些标准客观地衡量自己的表现。例如，国际象棋联合会有定期发布的棋手排名，有组织的格斗项目协会有不同颜色腰带和段位组成的等级系统，本书的作者则为记忆力方面的表现制定了头衔和评级系统。

开拓新疆界

随着我们知识领域的扩展，随着我们对地球和宇宙了解的增加，我们面前的机遇也越来越多。现在我们知道了，人类的潜能几乎是无限的，随着我们知识量的增加，我们吸收知识的能力也在提升。因此，除了有可能在某一特定领域取得耀眼成绩之外，我们还可以享受另一个极具诱惑力的愿景：成为像达·芬奇、米开朗琪罗和歌德那样学识渊博、多才多艺的人。

化消极因素为积极因素的能力，是评判天才的另一个极佳标准。这不只意味着在逆境中奋力拼搏，也意味着要有意识地做出决定，在看似糟糕透顶的情况下寻找积极因素。

阿根廷作家豪尔赫·路易斯·博尔赫斯 50 多岁时双目失明，但他在失明后学习了古英语，极大地丰富了自己的生活。我们前面也已经了解了霍金、扬·杰式卡等名人的励志事例。

这是一个反复出现的主题。历史上很多天才都是伟大的幸存者，他们遭受了最可怕的灾难，但拒绝以消极态度对待这些灾难。

说点儿轻松的，我们是《星际迷航》电视剧的忠实粉丝。在很多集的剧情中，“企业”号飞船的船员们都发现自己处于某种可怕的境地，唯一的解决方法就是主动想办法摆脱困境。正如斯波克在他遭受致命辐射的那一集中所说：“可能性总是存在的。”

我该怎么做？

1. 选择一位或多位你特别感兴趣的天才，可以是达·芬奇，因为他多才多艺；可以是贝多芬，因为他在面对耳聋日渐恶化时表现出的决心和英雄主义；也可以是哥伦布，因为他的勇气和信念。
2. 绘制一幅思维导图，主题是你所选择的天才的品质。

3. 把你从天才身上学到的东西应用到自己的生活中。
4. 在上面的自我挑战列表中选择一项或多项技能，保证自己成为该领域或这些领域的专家。从绘制以你选择的技能为主题的思维导图开始。

第十一章

掌握记忆秘诀

掌握一些简单的助记系统可能会让有些人第一次意识到，他们可以控制和调整自己的心智处理过程。

——汉斯·艾森克，智商研究专家

本章中，我们将讨论人类迄今为止营造出的最普遍也最具破坏性的错误认识之一：随着人类变老，大脑必然会退化，会失去脑细胞，大脑的记忆力、创造力、数学和语言能力都会迅速下降。

在前面的章节中，我们已经提供了越来越多的证据，证明事实并非如此。现在，我们要给这个荒谬偏见的棺材敲上最后一颗钉子。也许每个人都会感叹自己的记忆力减退，认为这是心智能力方面最严重的问题。但随着年龄的增长，记忆丧失并非不可避免，也并不是必然会出现的现象。

下面，我们将向你展示如何学习并掌握一些简单的记忆技巧（其中没有技术性极强的高深内容），并进一步举例说明老年人可以在记忆力方面有出色的表现。

神奇的记忆机制

我们此处所说的记忆，指的并不是被动地记录无论喜悲的日常数据，而是一种主动的、像激光束聚焦目标一样的心智活动，你可以用它来保持心智方面的优势。如果你训练自己的记忆（我们已经发现思维导图在记忆训练方面可以发挥动态的积极作用），你运用起数据来就会如臂使指，可以更容易地征服新的专门知识领域，更有效率地组织你掌握的知识和技能，并使你的演讲效果更好——简而言之，你将变得更有决断力、更有创意。本章将带你回顾记忆技巧发展的关键历史时刻，为你描绘一些令人惊叹的记忆力壮举，以激励你去追求自己的成就。

首先，我们调查了相关的科学研究成果，这些研究成果表明，只要你持续使用记忆能力，不让它们因闲置而荒废，记忆力在任何年龄都不会发生重大的变化。

科学证据：记忆力是否会随年龄增长而丧失？

人们认为年龄增长一定会带来记忆力衰退，这种想法反映的更多的是我们看待老年人的方式、老年人看待自己的方式，以及我们在实验环境下对老年人进行测试的方式。虽然测试结果确实经常会显示老年人的记忆力较差，但研究者已证明，有两种其他因素会对测试产生影响，从而造成这种有偏差的结果。

这两种因素分别是受试者的感兴趣程度，以及用限定时间内的成绩确定结果的测试方法。

理查德·雷斯塔克在他的《心智》(*The Mind*）一书中用了很大篇幅来讨论衰老问题。他强调，我们确实会发现老年人的心智处理速度有所下降，但造成这一现象的其他因素常常被忽视或低估。在实验室测试中，老年受试者经常没有足够的时间来解读题目和回忆信息。雷斯塔克指出，如果给老年受试者尽可能多的时间，他们在记忆力方面的表现经常与年轻受试者不相上下。

认识大脑 | 老狗[1]

“老狗”学习新把戏时，很少有真正的学习困难，更常见的是他们很难说服自己为此付出努力是值得的。

——K.W. 沙耶和 J. 盖维茨，心理学家及老年学家

丹尼尔·A. 沃尔什（他是 1950 年发表于巴尔的摩《免疫学杂志》的论文《在建立常驻记忆 CD8+T 细胞的过程中 CD69 的功能性需求随组织位置变化》的作者之一）指出，对测试内容感兴趣的程度会影响回忆能力的表现。他引用了艾琳·M. 胡利卡的一项研究，艾琳试图让受试者记住有意义的

1 此处的“老狗”来自英文谚语“老狗学不会新把戏”。(You can’t teach an old dog new tricks，意为上了年纪的人学习能力会变差，学不会新东西。)——译者注

单词与无意义的字母之间的联系。她发现很多老年受试者表现不佳，因为他们抗拒学习无意义的内容，并认为这项任务不值得付出努力。当把测试内容改成将职业与人的姓名配对记忆时，老年人的表现就变好了。沃尔什强调，实验室提供的任务往往是被人们视为无意义的内容，这可能对老年受试者的表现产生消极影响，而设置有意义的任务则可能会对他们的表现产生积极影响。

另一个值得关注的重要领域是正常衰老导致的神经元损失。目前还没有确凿的证据可以证明大脑到底会随年龄增长而损失什么，或者大脑中哪些区域的神经元会受到年龄增长的影响。然而，对神经元损失的研究方向可能被误导了。雷斯塔克提出了一些与此问题息息相关的重大理论观点。他引用了一项研究，该研究比较了健康的 20 岁男性和健康的 70 岁男性大脑的血流量和耗氧量，如果神经元大量损失，那么血流量和耗氧量也会相应减少。结果显示，两组不同年龄的受试者在这两项指标上的结果没有差异。

冗余性与可塑性

雷斯塔克还指出，即使随着衰老过程出现了神经元损失，这种损失也可以被大脑的冗余性与可塑性抵消。

冗余性是指大脑中神经元的数量远超其功能所需的数量，所以有可能部分神经元死亡了，而我们能观察到的大脑活动并不会减少。例如，一个人可能大脑某个区域受损，但其大脑活动表现出的变化很少，甚至没有变化。可塑性则是指大脑可以改变其组织功能结构。例如，大脑中某个负责特定功能的区域受损，结果可能是大脑中的另一个区域接替受损区域，开始负责它之前的功能。正如雷斯塔克所观察到的，通过这种方式，由正常衰老导致的神经元细胞损失实际上可能反而会导致剩余的神经元细胞变得功能更强、连接数量更多。这表明持续使用大脑（也就是在神经元之间创建更多连接）可以抵消由于神经元细胞死亡而自然产生的损失。这种关于心智能力“用进废退”的看法也是我们在本书中一直强调的。

从鼠到人的记忆实验

大量文献都表明，使用大脑会对大脑后续的发展产生影响。在雷斯塔克书中引用的一项相当有趣的研究中，威廉·T. 格里诺训练老鼠用指定的爪子去抓巧克力饼干，然后对这些老鼠大脑中负责运动的区域进行检查，发现与未经过训练的老鼠的大脑相比，它们此区域的突触连接更多。

研究还表明，环境在人类的心智能力发展中发挥了至关重要的作用。雷斯塔克引用了 K.W. 沙耶对 4 000 人进行的一项为期 20 年的研究，该研究发现保持积极的社交生活、承担社会责任，并接受新挑战的老年人比那些生活单调的老年人心智表现更好。通过提供包括空间、数字和语言技能的心智能力练习，沙耶帮助一半以上的老年志愿者提高了心智表现。他进一步建议，老年人可以通过使用助记技巧来提升记忆力。

老年学家 E.A. 罗伯逊 – 查布、C.P. 豪斯曼和 D. 阿伦伯格进行了一项关于老年人使用助记技巧的研究。在研究的第一阶段，他们给了老年受试者一份单词列表，要求他们记下来。与预期一致，最初他们记住的比例很低。然后研究者向受试者展示如何在记忆列表时使用特定的助记技巧，应用这种助记技巧后，受试者对单词列表的记忆成功率显著提高。然而，几天后，当受试者需要学习并记忆另一份列表时，表现又恢复到之前的低水平了。看来受试者并没有自发地使用助记技巧来帮助自己记住后一份列表。

在实验的第二阶段，老年受试者被分成三组，他们都被要求掌握同一项助记技巧，并将其应用于培训课程中需要记忆的列表。在接下来的实验过程中，三组受试者都被要求记住并回忆起一系列单词。工作人员指示第一组受试者“使用我们过去几天一直使用的方法”。第二组受试者则被要求使用助记技巧中的联想，并口头描述联想图像。第三组受试者没有收到任何要应用他们所学助记技巧的指示。

结果显示，第三组的受试者比前两组的受试者记住的单词少。有趣的是，第一组和第二组受试者的成绩并无差异。这表明，助记技巧是有价值的记忆辅助工具，但人们需要学习如何应用助记技巧。

认识大脑 | 记忆运动获准颁发特级大师头衔

测试记忆能力和表现的智力运动已获得皇家批准，可授予特级大师头衔，这是智力运动历史上第二项获此殊荣的运动。第一项可授予特级大师头衔的智力运动是国际象棋，在 1914 年的圣彼得堡国际象棋锦标赛上，沙皇尼古拉斯二世将首次颁发的特级大师头衔授予了 5 位国际象棋巨星：埃马努埃尔·拉斯克、何塞·劳尔·卡帕布兰卡、亚历山大·阿廖欣、西格贝特·塔拉什和弗兰克·马歇尔。

1995 年 10 月 26 日，在一场由非营利组织大脑基金会举办的正式仪式上，列支敦士登王储菲利普将首次颁发的特级记忆大师头衔授予多米尼克·奥布莱恩和他的劲敌乔纳森·汉考克等人。从那时起，世界各国上百位各个年龄段的人获得了这一头衔。

专为此次仪式设计的记忆标志结合了 3 个元素：海马，大脑中负责记忆的部分；国际象棋棋子“马”的头配上地球仪的背景，象征记忆智力运动将通过国际象棋与世界各地的其他智力运动联结起来；最后是马头星云，它本身就是一种记忆的痕迹，是数百万年前宇宙中发生的事件留下的图像，但我们至今仍可以看到它。

用进废退

以上信息支持这样一种信念：你的记忆力并不一定随着年龄的增长而减弱。“用进废退”完美地描述了科学研究得出的结论。通过练习和扩展你的心智活动，你可以在一生中不断建立新的神经连接，提升联想能力。这一发现与你和你的职业生涯或你自己的生意息息相关。职场中常有认为老年人无能的想法，因为老年人的表现不如年轻人敏捷。然而，与年轻而经验不足的人相比，老人拥有更广泛的经验和联想能力，他们的潜在贡献是不可估量的。挑战自己和同事的心智，让人们参与进来并持续发挥能力，定期为老年人留出额外的时间，这些事至关重要。请记住，只要让老年人认识到新技巧是与他们相关的，让他们认为新技巧有价值，并感受到学习的动力，他们就有能力学习新技巧。

发现记忆规则

史蒂芬·罗斯教授在他的获奖著作《记忆的形成——从分子到思维》（*The Making of Memory: From Molecules to Mind*）中讲述了生活在公元前 477 年左右的古希腊诗人西蒙尼德斯发现记忆规则的故事。

西蒙尼德斯的故事首次出现在古罗马作家兼政治家西塞罗的《论演说家》一书中。一场宴会的主人——帖撒罗尼迦的贵族斯科帕斯委托西蒙尼德斯创作一首抒情诗来赞美他。这首诗同时也赞扬了双生神卡斯托耳和波鲁克斯，这令斯科帕斯非常不悦，他只给了西蒙尼德斯一半的稿费，让西蒙尼德斯去找双生神收另一半稿费。接下来的宴会上，有人告诉西蒙尼德斯说外面有两个人要见他。就在西蒙尼德斯离开大厅的时候，屋顶倒塌了，大厅里所有的人都死了，连尸体都无法辨认。把西蒙尼德斯叫出来的两个年轻人当然就是卡斯托耳和波鲁克斯，这两位神灵前来惩罚斯科帕斯，奖励西蒙尼德斯。

这个故事中最精彩的部分是，西蒙尼德斯记住了所有客人在宴会桌前的位置，这样他就能够通过尸体的座位确定其身份。这段经历使西蒙尼德斯理解了记忆规则，据说他是记忆规则的发现者。他发现，记忆的关键是要记住记忆对象的有序排列。

根据西塞罗的说法：

> 西蒙尼德斯推断，想要训练这种记忆能力的人必须选择一个地点，形成他们想要记住的事物的思维图像，并将这些图像按顺序存储在这个地点，如此一来，图像位置的顺序就是需要记忆的事物的顺序。事物的图像就代表事物本身。我们应该依次使用这些位置和图像，就好像它们是一个蜡做的写字板，上面写着字母。

索福克勒斯以智胜子

索福克勒斯（约公元前 496 年—公元前 405 年）被誉为希腊最伟大的戏剧家之一，他创作了 100 多部作品，最伟大的代表作是悲剧《俄狄浦斯王》。亚里士多德以《俄狄浦斯王》为基础创立了戏剧美学理论，而弗洛伊德则从中得出了“俄狄浦斯情结”这一名称及相应概念。索福克勒斯也是一位杰出的诗人，曾在雅典最著名也最重要的两年一度的酒神节诗歌比赛中 18 次获得第一名。

鲜为人知的是，索福克勒斯还是一位博学多才的人，在各个领域都有出色表现。除了文学成就外，他还曾是雅典政府的领导者之一，以及雅典军队的高级将领。以当代人物作比的话，索福克勒斯是美国前总统巴拉克·奥巴马、剧作家大卫·马梅和退役美国将军大卫·彼得雷乌斯的混合体。

索福克勒斯很长寿。他 90 多岁时，他的儿子宣称他心智衰退了，无法管理他自己的事务。然而，索福克勒斯不接受这种说法。很明显，索福克勒斯拥有很多财富和很高的社会地位，他儿子的这种说法会使大量财富、权力和社会影响力从他手中转移到他儿子手中。双方陷入僵局，于是索福克勒斯的儿子把父亲告上了法庭，想要公开证明父亲索福克勒斯的智力已经衰退了，从而自父亲手中夺走其个人事务的控制权。

开庭时，索福克勒斯为自己辩护，他对主审法官说：“这是我刚刚完成的一部悲剧剧本，如果你怀疑我的智力，请把剧本拿走，我能完整地背诵出来。”法官批准了他的请求。索福克勒斯一直背诵到第二幕，没有出现任何错误，于是法官当庭驳回了他儿子的诉讼。

中世纪的“记忆剧场”

詹姆斯·伯克所著的《宇宙改变之日》（*The Day the Universe Changed*）是一本关于智力和记忆力发展历程的有趣书籍。它图文并茂地带读者愉快地游览了智慧诞生的时代。下面，我们将从此书中摘录一篇简洁而有趣的短文，介绍中世纪的助记技巧，这些技巧直到今天仍然完全有效。

在中世纪那个识字率较低的时代，优秀的记忆力至关重要。因此，很容易被记住的韵文成了文学的普遍形式。直到 14 世纪，除了法律文件，几乎所有文字都是用韵文写成的。法国商人会使用一首由 137 组押韵对句组成的长诗，这首诗里包含了当时所有商业算术所需的规则。

鉴于当时书写材料非常昂贵，训练有素的记忆力对学者和商人来说都是必不可少的。如果要完成比日常记忆更具体的任务，中世纪的专业人士就会使用一种最初于古罗马时期编著的学习辅助工具。他们用于学习的文本名为《献给赫伦尼》（*Ad Herennium*），写于约公元前 86 年—公元前 82 年，作者是古罗马一位不知名的修辞学教师，此书以赞助人赫伦尼乌斯（Herennius）的名字命名。它是中世纪使用的主要助记技巧参考书。

这本书中提供了一种通过使用“记忆剧场”来回忆大量内容的技术。要记住的内容必须被设想为处于一个记忆者熟悉的地点。这个地点可以是一座建筑物。如果建筑物太大，记忆的准确性就会受到影响。如果它太小，需要记忆的各个部分就会因彼此离得太近而无法单独被记住。如果建筑物中的光线太亮，记忆就会被光线影响。如果太暗，需要记住的内容就会变得模糊。

该地点的每一个单独部分应当相距约 90 厘米，这样需要记住的内容中每一个主要的部分都可以与其他部分区隔开。把记忆剧场以这种方式准备好之后，记忆者就会通过思维在这座想象的建筑中漫步。记忆者选择的路线必须符合逻辑和习惯，这样才能轻松自然地完成回忆。现在，剧场已经准备好放置要记忆的内容了。

运用夸张技巧

不同的心理图像代表着不同的回忆元素。《献给赫伦尼》建议，最好采用能留下强烈印象的或高度夸张的图像。图像应该是有趣的、华丽的、装饰性的、不寻常的或令人震惊的。例如，如果想要记住一系列扑克牌的顺序，就可以把其中的“梅花 Q”想象为挥舞着高尔夫球杆的女王伊丽莎白一世。[1]

这些图像将充当记忆的“媒介”，每个图像都会触发对记忆内容的多个组成部分的回忆。例如，如果要记住一条法律方面的论证，那么想象一个戏剧性的场景可能是合适的。在走过记忆剧场中的相应地点时，这个场景会被触发并播放，提醒记忆者需要记住的论点。

存储的图像也可以与单个词、词组或整个论点相关。在这方面，拟声词（听起来像需要记住的动作发出的声音的词）特别有用。

伟大的中世纪神学家圣托马斯·阿奎那建议人们使用记忆剧场中的图像来回忆宗教内容。他说：“所有知识都起源于感觉。”人们可以通过视觉性的辅助工具接近真理。

随着绘画和雕塑开始出现在教堂中，同样的回忆技巧也被应用于教堂。教堂中的图像呈现出记忆媒介的形式。在乔托 1306 年绘制的帕多瓦竞技场礼拜堂内部画作中，整个图像序列的结构就像一个记忆剧场。每幅图画中的《圣经》故事都是由一个人物或一个群体在一个单独的地点讲述的，当时新发展起来的透视错觉艺术手段让画面上的故事更加令人难忘。礼拜堂成了一条通往救赎的记忆之路。大教堂变成了巨大的记忆剧场，帮助信徒回忆起天堂与地狱的细节。

记忆剧场现在和公元前 80 年一样依然是很有效的助记技

---

1 梅花 Q 英语中称为“Queen of Clubs”，Queen 意为“女王、王后”，Club 除了表示花色中的“梅花”，还有“球杆”的含义。——译者注

巧，我们建议你考虑将它与思维导图结合使用，以提高自己的记忆能力。思维导图同时也提供了丰富的创作空间，你可以进行丰富多彩、令人印象深刻的拼贴剪辑，以此来帮助你记忆。

60 年指挥史

意大利指挥家阿图罗·托斯卡尼尼（1867—1957 年）也使用过类似的助记系统，并在其整个职业生涯中展示了这个系统的巨大力量。他被公认为有史以来最伟大的管弦乐指挥家。在 60 多年的指挥生涯中，他以独具一格、激动人心的个人风格指挥着世界一流的管弦乐团。

托斯卡尼尼初次担任指挥时就轰动一时。他曾是一位大提琴演奏家，1886 年随一家歌剧团前往巴西巡回演出。意大利音乐家们罢工抗议一位不称职的巴西当地指挥家，并选择了一位意大利人来接替指挥。巴西观众将此视为对他们国家的侮辱，把接替者赶下了台。在喧哗混乱的情况下，托斯卡尼尼临危受命，上台试图化解观众的敌意（这对任何艺术家来说都不是理想的演出环境）。然而，年仅 20 岁的托斯卡尼尼首次登台就得到了当地媒体的高度评价。他的另一项壮举也值得一提：托斯卡尼尼在指挥整部作品（威尔第的《阿依达》）的过程中都没有看乐谱，他在整个职业生涯中都保持了这一做法。取得第一次胜利后，托斯卡尼尼在此次巡演接下来的时间里一直担任指挥。

后来，托斯卡尼尼承认，他在第一次指挥时因紧张而出现过一次短暂的记忆失误，但这在很大程度上是一个例外。钢琴家兼作曲家费鲁乔·布索尼于 1911 年谈起托斯卡尼尼时表示：

> 他的记忆力是生理学史上现象级的高峰，但这并不妨碍他在其他方面的能力……他前一天刚刚研究了保罗·杜卡的歌剧《阿里安娜与蓝胡子》难度极高的乐谱，第二天一早，就能凭记忆进行第一次排练！

托斯卡尼尼记忆能力的另一位见证者是著名作曲家伊戈尔·斯特拉文斯基：

> 指挥管弦乐队时不看乐谱已成为一种指挥家的风尚，而且往往只是一种炫技。然而，这种流于表面的炫技并没有什么了不起……一位指挥家几乎不需要冒多大风险，只需要一点儿自信和冷静，就能轻松做到不看乐谱来指挥。这并不能真正证明他了解乐谱的编排。但托斯卡尼尼的情况不同，毋庸置疑，他了解乐谱。他的记忆力之出色众所周知，他不会错过乐谱中的任何一个细节，你只需要参加过他的一次排练就会深刻地认识到这一点。

关于托斯卡尼尼的惊人记忆力，还有很多其他的故事，可以进一步强化前面两位重要音乐家对他的印象。例如，有一件著名的逸事，NBC 交响乐团要演奏阿里戈·博伊托的《梅菲斯特》序曲，却在排练前一天晚上发现给后台乐队准备的乐谱丢失了。于是托斯卡尼尼当场坐下凭记忆写出了整部乐谱。

眼神交流

但是为什么托斯卡尼尼从最开始就觉得自己需要在不看乐谱的情况下进行指挥呢？毫无疑问，这是因为他觉得这样做很容易，或许也有一部分原因是他近视，但更重要的是，他意识到这样做能够让他更有效地与乐团沟通，并将注意力集中在音乐上，而非不断地去看乐谱。指挥家与乐手的交流不仅要用手势，还要用眼神，托斯卡尼尼希望用眼神向乐手们传递关键信息。(请记住，在做展示或演讲时，与观众的眼神交流也很重要。)

托斯卡尼尼并不只是机械地记下乐谱，他对乐谱的精确音律也有清晰的认识，即使是非常熟悉的乐曲，他也会在每次新演出前做严谨的研究，从而对乐谱的指挥方式进行细微调整。他全情投入的奉献精神和无与伦比的音乐才能，令他成功指挥了一些 20 世纪最伟大的音乐演出，但他仍是一个谦虚的人："我不是天才。我什么也没有创造。我演绎的是别人的音乐。我只是一个乐师。"

托斯卡尼尼不接受那种"在完美地指挥一部作品时，指挥家也在以某种方式诠释它”的想法：

> 我经常听到人们谈论 X 指挥家的《英雄交响曲》、Y 指挥家的《齐格弗里德》、Z 指挥家的《阿依达》。我一直想知道乐曲作者贝多芬、瓦格纳和威尔第对于这些先生们的诠释会作何评价，似乎经过这些指挥家之手，他们的作品有了新的父亲。我想，面对《英雄交响曲》《齐格弗里德》《阿依达》，作为一个指挥家，一个尽可能深入作曲家精神世界的诠释者，应该只愿意演绎贝多芬本人的《英雄交响曲》、瓦格纳本人的《齐格弗里德》和威尔第本人的《阿依达》。

托斯卡尼尼也非常多才多艺。他不只指挥贝多芬、瓦格纳、威尔第和其他著名作曲家的作品。在他的指挥生涯早期，他曾担任莱翁卡瓦洛的《丑角》和普契尼的《波希米亚人》等著名作品世界首演的指挥，后来又时常指挥施特劳斯、德彪西和西贝柳斯等作曲家的作品。

托斯卡尼尼的记忆库

据估计，托斯卡尼尼在职业生涯末期（他 85 岁时仍活跃在指挥台上），记忆库中储存了 250 部交响曲、100 部歌剧以及大量室内乐作品和歌曲。晚年时，他接受了一项挑战，要回忆起自己年轻时作曲的一些作品，这些作品是他在六七十年前创作的，之后就再也没有看过。他可以完整回忆出这些作品，只有少数几处不一致。

多米尼克·奥布莱恩

我们在第六章中提到过这位8届世界记忆冠军得主，并简要介绍了他作为大脑基金会年度最强大脑奖获得者的成就。

多米尼克·奥布莱恩在年过30（一个学术界认为人的创造力已衰退的年纪）之后，决定掌握一项全新领域的心智技能——记忆。7年间，他两度赢得世界记忆锦标赛冠军，写了两本关于记忆的书，并在严峻的比赛条件下，只用一小时时间就准确无误地记住了15副扑克牌（每副牌52张，随机洗牌）的顺序！他只看一遍就记住了54副扑克牌（2 808张牌）的随机顺序，这也被载入了吉尼斯世界纪录。他能够正确地回忆起这些牌的顺序，其间只错了8次，其中4次当得知出错了的时候，他立即改成了正确的结果。

1988年初，奥布莱恩在英国电视节目《破纪录者》（*Record Breakers*）中看到了记忆专家克赖顿·卡维洛记忆一副扑克牌的顺序，从此对记忆产生了浓厚的兴趣。他想自己尝试，于是拿着一副扑克牌坐下来，开始建立自己的记忆系统。他的第一次尝试并不顺利：他用了26分钟记忆一副扑克牌的顺序，结果犯了11次错。然而，他还是坚持训练，不久之后，他不仅能记住一副，还能记住好几副扑克牌的顺序。1988 年 6 月，他在英国吉尔福德的郡之声广播电台首次实现了记忆 6 副扑克牌的成绩。

电影《雨人》进一步激发了奥布莱恩的灵感，片中达斯汀·霍夫曼饰演一位拥有惊人记忆力的孤独症患者。在影片的一幕中，霍夫曼利用自己的天赋帮助弟弟（由汤姆·克鲁斯饰演）在拉斯维加斯的二十一点赌桌上大赢了一笔。这让奥布莱恩觉得自己的才华可能也会带来丰厚的利润，于是他花了 6 个月时间来分析二十一点，并制定了自己的成功策略。不幸的是，赌场未能成为他长久的财源。赌场非常了解纸牌记忆者的技巧，现在大多数赌场都禁止奥布莱恩入场。

1991 年，他参加了在伦敦雅典娜俱乐部举行的首届世界记忆锦标赛。这一赛事是由本书的两位作者组织的。决赛中，参赛选手排成一排，主办方给每人发一副扑克牌。坐在多米尼克左边的正是激励他开启职业记忆选手生涯的克赖顿·卡维洛（卡维洛的专业背景是护理）。多米尼克·奥布莱恩开始记牌，他翻牌的速度越来越快，直到克赖顿无法继续集中注意力。奥布莱恩赢得了比赛，获得了世界记忆冠军。

奥布莱恩认为人类的记忆潜力是无限的，他不断刷新自己的纪录，创造了更多令人印象深刻的成绩。他的成就包括在 55 秒内记住一副扑克牌的顺序、记住 54 副扑克牌的顺序、记住桌游《棋盘问答》（*Trivial Pursuit*）中的全部问题，以及将圆周率记忆到小数点后 22 500 位（于 1998 年完成，打破了当时的吉尼斯世界纪录）。

千百年来，圆周率 π（圆的周长与直径之比）一直吸引着数学家。π 以 3.141 592 6 开始，它是一个超越数，这意味着它可以无限延续下去，而不会变成重复的数字序列。因此，它是测试记忆能力的绝佳工具。奥布莱恩创造了记忆圆周率的纪录，并致力于将其提高到小数点后 5 万位。目前的世界纪录保持者拉杰维尔 · 米纳可以背诵小数点之后的 7 万个数字。这些信息要占据庞大的记忆空间，只是以每秒一位数字的速度读出 5 万位数字，就需要超过 14 个小时的时间。

认识大脑 | 记忆训练：解决大脑卡壳的方法

奥布莱恩的壮举应当可以激励所有想要更有效地运用自己大脑的人。毕竟，在这个已有众多高速交通工具的时代，能够很快跑完几十千米并不是一项对社会有用的技能，但这并不妨碍我们想要通过跑步来保持身体健康，也不妨碍我们对马拉松冠军们的成就赞叹不已。每一个觉得自己的大脑可能变得有些松懈的人，每一个不敢去学习一门新语言或做类似尝试的人，都应该被奥布莱恩的成就鼓舞。训练记忆力是一种心智方面的有氧运动，随着年龄的增长，它对你尤其重要。

我该怎么做?

1. 吸取本章中介绍的中世纪记忆剧场等古典助记技巧中包含的信息。
2. 利用思维导图的丰富多彩、戏剧性和视觉冲击力，帮助自己记忆关键的列表、观点和事实。
3. 首先，有意识地记住你在会议或聚会上被介绍认识的人的名字。试着把他们的外表和名字联系起来，或者找出他们身上的独特而令人难忘的特征，来帮助自己记忆。
4. 接下来尝试读书并记住书中的信息，然后参与新的智力运动，学新语言，逐渐变得更有雄心！

第十二章

打造不老大脑的成功案例

如果我的人生能够重来一次，我会立下一个规矩，每周至少要读一些诗，听一些音乐，也许这样我大脑中的某些部分就会因一直被使用而保持活跃，而不会像现在一样萎缩。

——查尔斯·达尔文

目前，我们已经介绍了人可以在年龄增长的同时获得心智进步的基本理论及其生理学和哲学证据，并向你提出了各种挑战，为你提供了能够帮助你在生活中不断进步的刺激方式。现在，我们来看看那些挑战自我的当代成功范例，这些人在生活中最初并没有什么特殊优势，但随着年龄增长，他们找到了为自己创造新挑战的方法，并通过挑战培养了更多的神经元突触连接，使自己保持心智敏锐。

其中一些人已经在晚年取得了非凡的成就，另一些人正在采取准备措施，让自己进入人生的黄金时代。在本章中，我们特意避免了选择那些历史上闻名的天才和智者的例子，这是为了证明任何人都可以运用我们建议的策略，大大改善自己的晚年生活。

摆脱常规的叛逆者

我们都认识一些充满活力的老人，与人们对衰老的负面刻板印象截然不同，这些“叛逆者”（renegade）聪明、活跃、雄心勃勃、好奇心强、令人振奋，与他们相处非常有趣。“renegade”这个词用在此处特别贴切，因为它的词源是“run-a-gate”，意思是“逃脱的人”。这些人确实成功从人们通常认同的心智能力随着年龄增长而下降的曲线困境中逃脱了。

认识大脑 | 85 岁的网红厨师

娜娜·优素福是一位自学成才的厨师，她 18 岁时就开始了厨房生涯，但她从来没有把任何食谱整理成文字。现在，这些食谱通过优兔和 TikTok 等平台上的视频，以数字化的形式被记录下来，这要归功于她充满爱心和奉献精神的助手（也是她的孙女）迪娜·易卜拉欣。

据最新统计，娜娜和迪娜有 26 万优兔订阅者、53.7 万 TikTok 粉丝以及 6.4 万照片墙（Instagram）粉丝。娜娜喜欢用优兔平台观看来自世界各地的烹饪视频，这给了迪娜灵感，她开始制作她们自己的节目：《娜娜的厨房》（*Nana's Kitchen*）。

据迪娜说，娜娜在厨房里动作非常快，她和她表妹在拍摄过程中很难跟上她的动作。

——加拿大电视台新闻

在本章中，我们不只会简要介绍那些拒绝称自己“年老体衰”的著名例子，而且会展示年龄稍小的群体中人们正在采取的措施，这些人向自己提出了真正的歌德式挑战，把它们作为对抗岁月侵蚀的有效武器。他们的措施包括：在达到通常的退休年龄很久后开始全新的职业生涯或创办自己的企业；锻炼令人惊叹的新的心智技能；为非凡的艺术目标而奋斗；在个人层面上为自己设定身体和精神耐力的极限挑战。

本书作者之一雷蒙德·基恩使用的一种锻炼心智能力的技巧是定期（每月至少两次）同时与40位对手下国际象棋。他在这种棋赛中的对手并不限于棋力较弱的人，还包括前英国冠军和曾获得国际大师称号的棋手。雷蒙德迄今为止的最佳战绩（他声称这是世界快棋胜率纪录）是在短短3个小时内赢了101盘棋，和棋5盘，输棋1盘。在取得这样的成绩后，他还会用记忆向参赛者们复盘所有对局中的每一步棋，从而进一步锻炼自己的智力。

本书的另一位作者东尼·博赞53岁时，给自己设定了一个任务：掌握极其困难的亚洲智力运动——围棋。根据统计学家的计算，围棋在可能的走法数量方面比国际象棋要多得多。然而，只用了8个月的时间，东尼就将自己的围棋棋艺提高到了接近“黑带”的水平，这样他就可以向欧美国家的围棋冠军和日本的高水平棋手发起严肃的挑战了。

现在，让我们来看看各种各样的人如何随着年龄增长，在广阔的领域中挑战并重塑自我，就像那只神话中的不死鸟——金色的凤凰一样。这些人保持甚至提升了他们的心智能力、身体力量和知觉。

弗兰克·费尔贝鲍姆（86岁）

在撰写本章的过程中，我们采访了国际记忆大师弗兰克·费尔贝鲍姆，他拥有一家以自己姓氏命名的咨询公司，提供系统的记忆训练服务。以下是他对变老是否会影响到他大脑的看法，以及他正在向自己提出的挑战：

1. 随着年龄增长，你可以像扩展商业业务一样扩展自己的大脑能力。
2. 新鲜事物和异国情调对变老的大脑大有裨益。那些乐于适应变化、学习新事物、去新地方的老年人会成为打破常规的叛逆者。有时，与具有这些特质的人生活在一起也会令人获得同样的好处。
3. 过去，要想在事业和生活中取得成功，就必须建立正确的关系，现在也一样，要想让大脑成功无衰变老，就必须建立正确的关系。

4. 记忆是一个有意识的主动创造的过程。我们如果能控制这个过程，就能控制我们的记忆，从而使大脑在变老的同时保持青春活力。
5. 尽管头脑更满足于停留在熟悉的事物中，但用打破原有思想的新事物来冲击心智仍然很有必要。改变是困难的，但改变也是保持青春和享受变老过程所必需的。
6. 如果年轻人记忆出错，人们通常会认为是因为他们需要记住的信息太多了。然而，如果老年人记忆出错，人们通常会认定是因为年老糊涂。在大多数情况下，老年人只需要多一点儿时间，就能做出与年轻人同样准确的反应。

上面这几点是我认为的大脑可以随着年龄增长而进步的理由。以下是我对于改善大脑和记忆力的心得体会。

因为我一直在为来自数百家公司的数千名高管、经理、销售代表和技术人员提供培训，所以我经常会有意识地去了解自己的大脑和记忆，探究大脑和记忆是如何运作的，为什么会以这种方式运作。

我了解自己使用的方法和技巧，也了解自己付出了怎样的努力，这才能让自己和众多记忆培训班学员获得记忆方面的成功。这使我的心智始终保持高度敏锐！我从事企业人士记忆能力开发领域的专业工作已经超过 28 年，但从未进入停滞期。我训练自己的大脑和记忆力，以寻求挑战，并持续学习刺激心智的新想法、新概念、新技能。我为客户和自己设定的首要目标，是防止商业信息相关的记忆丢失，因此我把培训计划命名为“记忆商业”。

我们为了学到我们所知的东西付出了一生的时间和精力，我们的记忆太宝贵了，不能让它在变老的过程中消失。由于我对大脑与记忆方面的新知识有着永无止境的渴求，我的大脑正在吸收它前进道路上的一切知识。每天早上醒来，我都迫不及待地想要开始思考、学习和教学。

伊迪丝·默威–特雷纳（101岁）

2021年9月，《人物》杂志专题报道了100岁的伊迪丝·默威–特雷纳的故事，她是吉尼斯世界纪录保持者，全世界最年长的竞技举重运动员。

伊迪丝曾经是一位舞蹈教练，几年前应朋友邀请开始去健身房锻炼，在那里她发现自己对举重很有热情。她说：“我开始定期去健身房，发现自己乐在其中，并不断挑战自己，让自己一点点进步。没过多久，我就加入了举重队。”开始练举重不久，她就参加举重比赛……并获得了冠军！

伊迪丝将自己的成功归功于热情与坚持。有时她很疲累，不想去健身房了，但她克服倦怠情绪，而且总是很享受锻炼。她的力量训练师比尔·伯克利惊叹不已：“这是一项了不起的挑战，在她这个年龄达到这样的水平，真令人难以置信。”

卡尔文·罗伯茨（66 岁）

要想在 NBA（美国职业篮球联赛）打球，年纪最大不能超过多少？如果从历史来看，这个问题的答案似乎是 40 多岁。纳特·希基是其中年龄最大的球员，他上场时 45 岁。那是在 1947—1948 赛季，纳特·希基是普罗维登斯蒸汽压路机队的主教练，他指定自己以球员身份参加了两场比赛——这证明，人在过了公认的身体巅峰期之后很久的年纪仍然可以具备创造力（以及灵活性）。

卡尔文·罗伯茨希望能取代希基，成为 NBA 有史以来最年长的球员。他声称他现在的状态比他 1980 年参加选秀，被圣安东尼奥马刺队选中时还要好。当时他没能入选马刺队的正式阵容，但他去海外打了近 20 年球，并于 1999 年正式退役。然而，像很多退休人员一样，他的人生故事还远远没有结束。

认识大脑｜法官席上的智慧老人

弗雷德里克·劳顿爵士于 1972 年至 1986 年担任上诉法院法官，他表示禁止65岁以上的法官任职是错误的。法官年纪越大，很可能在法庭上表现越出色。

“法官中流传着这样一种说法：担任法官的最初 5 年，新法官应该记住，他对自己的工作还知之甚少，而在接下来的 5 年里，他自以为已经知道很多，其实并非如此。直到 10 年之后，一个法官才可以认为自己比较称职。大多数法官都是在 50 岁出头被任命为法官的，他们要到 60 多岁才能胜任自己的工作，而 65 岁退休的话，就意味着法官在终于称职之后不久就要退休了。

“尽职尽责的法官——大多数法官都是这样的人——知道自己每天都能学到更多工作相关的知识。称职的法官永远不会停止学习。每一次做出自己并不完全满意的判决后，法官都会对自己说：‘我再也不会这样做了。’随着岁月的流逝，记忆中司法相关的‘不要做的事’越来越多。法官只要身体健康，尤其是心智健康，就很可能会随着年龄增长成为一位更优秀的法官。我职业生涯中见过最出色的两位法官，里德勋爵和丹宁勋爵，都在年过七旬后做出了一些他们职业生涯中的最佳判决。如果他们被迫在 65 岁退休，那将是法学界的重大损失。

“作为上诉法院的法官，我曾有幸与丹宁勋爵共事。我进入上诉法院时已经 60 岁了，之前担任了 11 年的高等法院法官。丹宁勋爵当时大约 68 岁。每次和他坐在一起，我都能学到更多关于法官工作的知识。”

——《泰晤士报》

罗伯茨的妻子鼓励他努力恢复体形，和孩子们一起打球，于是罗伯茨重新开始锻炼。他感觉自己回到了大学时的身体状态，一切都非常顺利，他感觉很棒。他继续更加努力地推动自己进步，直到他觉得自己的状态比当年在加州州立大学富勒顿分校打球时还要好——他大学时曾对阵“魔术师”约翰逊。

罗伯茨增加锻炼强度，进行更大重量的力量训练，并在拉斯维加斯当地的基督教青年会打球。随着他的自信心不断增强，罗伯茨开始给 NBA 球队写信，让球队知道他已经准备好了，渴望参加试训，并向球队请求一个机会，让他能够在拉斯维加斯的 NBA 夏季联赛中证明自己。

现在，作为 5 个孩子的父亲和两个孩子的祖父，罗伯茨仍在等待球队的答复。他至今仍未收到参加夏季联赛的邀请，但他以观众的身份去到了夏季联赛的现场，这样他就可以全身心地观看比赛，并在场边聆听球员和教练的交流。

换作其他人，可能会感到挫败、沮丧，但罗伯茨保持着乐观的态度。罗伯茨说：“只要我的身体状态良好，我就能抢篮板、起跳、投篮，什么都可以，我能够完成我在场上的任务。”他将继续为实现梦想而努力。毕竟，正是这种竞争动力让他保持着健康的身心状态。

杰夫·贝佐斯（58 岁）

杰夫·贝佐斯于 1994 年创办了亚马逊网站。当时他 30 多岁。亚马逊最初是一家网上书店，后来发展到出售几乎所有你能想象到的产品——这是一个购物者的天堂，贝佐斯最初将其构想为“卖一切东西的商店”。亚马逊的成功可能要归功于这样一个事实：和它的创始人一样，这家公司从未停止成长和进步。自成立以来，亚马逊的业务扩展到了多个行业，包括影视娱乐（Prime Video）、云计算和人工智能助手（Alexa）等，而且它的目光已投向了更多行业，包括日常消费品、家居装修、商业贷款、制药、工业用品等。

作为地球上最富有的企业家之一，贝佐斯致力于永葆青春。他出了名地爱健身，看起来比实际年龄年轻很多。但光看起来年轻还不够，他想真正保持青春活力，向寻找减缓、阻止和逆转衰老过程方法的医学技术研究投入了巨资。

贝佐斯通过保持饥饿感、思考大局以及应对他热衷的挑战（例如阻止衰老过程和向其他行星移民）来保持头脑敏锐。2000 年，他秘密创立了一家私人太空探索公司“蓝色起源”，追逐他的梦想——探索太空并向其他可供地球人生存的行星移民。2021 年 7 月，贝佐斯搭乘蓝色起源公司的工程师们开发的火箭和太空舱系统，进入了太空并顺利返回地球。他此次太空飞行时间大约为 11 分钟。和他一起升空的人包括他的兄弟马克·贝佐斯；沃利·芬克，一位 82 岁的飞行员，也是美国国家航空航天局（NASA）的水星 13 号计划中接受过宇航员训练，但从未获得升空机会的女性成员之一；还有一位名叫奥利弗·戴门的 18 岁高中毕业生，他是蓝色起源的第一位付费客户，他爸爸是一位投资家，为他购买了升空资格。

贝佐斯把睡眠放在首位，每晚保证睡眠8小时来提升精力和情绪。他把“高智商人才会议”安排在上午10点，即早餐后、午餐前的时间。如果下午晚些时候有事，他会把这件事推迟到第二天上午。“8小时的睡眠对我来说很有效果，我努力把保证睡眠时间作为优先事项，”贝佐斯在2016年11月接受美国科技公司“环球繁盛”（Thrive Global）采访时表示，“对我来说，8小时是感觉精力充沛、保持兴奋状态的必要睡眠时间。”

认识大脑｜缺乏能力，还是缺乏动力？

《跑步研究新闻》杂志的出版人，美国生理学家欧文·安德森博士说，与年龄变老相比，缺乏意志力对跑步成绩下降的影响更大。

“我们过去一直认为，运动员到了35岁左右就会开始出现持续的生理机能衰退，但现在我们发现，我们之前认为与年龄有关的衰退，实际上大部分是因为训练减少。”安德森说，“我们发现，如果跑步者能够在25岁到45岁时持续进行高强度训练，他们的成绩就不会有较大下滑。”

“45岁时，你的比赛成绩可能会变差，但让你的双腿变得沉重的并不是身体衰老的过程，而更有可能是心理驱动力下降、训练质量下降以及训练不规律。”

本杰明·赞德教授（83 岁）

一股新的力量进入了大脑研究领域：音乐的力量。

本杰明·赞德于 1979 年创立了波士顿爱乐乐团，并在世界各地的乐团担任客座指挥。从职业生涯早期开始，他就将“让世界充满音乐”作为自己的使命。

在长达 25 年的时间里，赞德与伦敦爱乐乐团合作录制了 11 张唱片，其中包括马勒的几乎全部的交响曲，以及布鲁克纳和贝多芬的交响曲。《高保真》杂志将他们录制的马勒《第六交响曲》评为 2002 年“最佳古典乐唱片”；他们录制的马勒《第三交响曲》获得了德国唱片评论家协会的“评论家选择奖”；他们录制的马勒《第九交响曲》和布鲁克纳《第五交响曲》获得了格莱美最佳管弦乐演奏提名。赞德致力于让世界充满音乐，他的每一张爱乐唱片都附有一个单独的音频解说。

2012 年，赞德又创立了波士顿爱乐青年乐团，吸引了整个美国东北部 12 岁至 21 岁的年轻音乐家每周到波士顿交响乐大厅排练和演出。这个乐团不收学费，定期举办巡演，曾在纽约卡内基音乐厅、阿姆斯特丹音乐厅、柏林爱乐大厅等许多著名音乐厅演出。2017 年夏天，波士顿爱乐青年乐团在南美进行了巡演。他们 2018 年的巡演包括在欧洲 8 个城市演奏马勒的《第九交响曲》。2019 年，他们在巴西进行了巡演，取得了巨大的成功。

赞德带领新英格兰音乐学院的青年爱乐乐团进行了 15 次

国际巡演，并为公共广播公司（PBS）制作了多部纪录片。他的公开课《音乐的诠释——人生之课》（*Interpretations of Music: Lessons for Life*），吸引了全球数万名在线学习者。2018年，展示他职业生涯深远影响的本杰明·赞德中心成立了，观众可以在这里通过沉浸式多媒体平台全面了解赞德各个方面的音乐成就。

2019年，南非联合银行集团在约翰内斯堡举行颁奖典礼，授予赞德终身成就奖，以表彰他在音乐、文化和领导力方面的贡献。赞德的TED演讲“古典音乐的变革力量”已有2 000多万人观看。

认识大脑 | 真正的天才之作

“我认为威尔第的所有歌剧中，只有《奥赛罗》和《福斯塔夫》是真正的天才之作。”

——伯纳德·列文

威尔第于1887年创作《奥赛罗》，当时他74岁；《福斯塔夫》则创作于1893年，当时他80岁。这两部作品是他众多歌剧作品中的最后两部。

音乐对智商的影响

现在有很多科学家相信，听某些类型的音乐可以使人变得更聪明。

加州大学的生理学家戈登·L. 肖研究了人类大脑在完成抽象推理任务时的反应，发现了一种与音乐相似的活动模式。他与心理学家弗朗西斯·劳舍尔（前职业大提琴手）合作进行研究，试图确定为幼儿提供音乐训练是否能够提高他们的空间推理能力。初步结果非常乐观：经过 3 个月、6 个月和 9 个月的学习，孩子们的抽象推理能力每次都有很大的进步。这是唯一能令孩子有这种进步的方法，这表明音乐不仅能吸引孩子们的注意力，还能训练他们的大脑。

提高老年人的智商

受到这些结果鼓舞，肖和劳舍尔决定分析成年人听音乐时大脑会发生什么。他们比较了受试者在听莫扎特钢琴奏鸣曲、令人放松的音乐磁带和不听音乐时的状态，并在受试者听每种音乐后测试他们的空间推理能力是否有变化。结果显示，莫扎特的音乐具有极为正面的效果。

那么其他形式的音乐呢？听重金属、迷幻摇滚、说唱音乐会有和莫扎特的音乐一样的刺激效果吗？肖和劳舍尔认为不会，因为这些音乐形式不具备获得这种效果所需的结构与和声复杂性。肖认为：

> 我们的大脑有一些天生的结构，一些可以被触发的自然模式，我们在听到莫扎特的音乐时会感到愉悦，

因为我们的大脑中这些自然模式被触发了。

肖和劳舍尔的实验表明，受试者在听莫扎特的音乐和下国际象棋时会出现类似的脑电波模式。

认识大脑 | 好榜样

托斯卡尼尼的学生，已故指挥家乔治·索尔蒂爵士82岁时正值事业巅峰。他是伦敦皇家歌剧院举办的威尔第音乐节的推动者之一。1995年6月10日，在他精彩地演绎了威尔第的歌剧《茶花女》的前夕，乔治·索尔蒂爵士在接受采访时宣布，他要成为世界上第一位100岁时仍活跃在台上的指挥家。

此次《茶花女》上演时，伦敦天气沉闷，热浪滚滚。索尔蒂爵士对酷热的唯一让步就是在指挥时脱掉外衣，他说这是他一生中第一次只穿衬衫指挥。

不幸的是，他未能如愿，于1997年9月5日去世，享年85岁。

里基·亨特（68岁）

里基·亨特是思维导图专家，拥有一家以他自己的名字命名的公司。这家公司为私营企业和公共部门提供商业指导和咨询，被称为“思维组织”的鼻祖。他通过攀登艾格峰、马特峰和珠穆朗玛峰等高峰，以及步行到达北极点来挑战自我，发挥潜能。

问问你自己，本章中提到的叛逆者们与哪一类人最相似？答案是孩子们！

而所有的诗人、哲学家、宗教领袖和思想家都以不同的方式指出了老年人最重要的动力是什么。“我实在告诉你们：你们若不回转，变成小孩子的样式，断不得进天国”（《圣经·马太福音》18：3）。

或者，正如英国诗人威廉·布莱克所说：“如果你想进入天堂，你必须离开纯真年代（童年），进入经验年代（中年早期），然后重新进入纯真年代（更高级的童年）。”

认识大脑 | 别说你不行

里基·亨特有恐高症。但1995年夏天，他登上了艾格峰和马特峰的顶峰。为什么？为了向他的员工证明，只要付出时间和努力，任何人都可以做到任何事情。

亨特位于斯温登的办公室里摆放着三个杂耍球。亨特不会做抛球杂耍动作，但这三个球会提醒他，只要他愿意，他就可以学会抛球杂技。

“我坚信人们可以做到任何他们想做的事，”他说，

“在经历了多年的打压、否定之后，我的人生追求是教会人们发挥自己的潜能。人的潜力没有极限，所以，我们公司的口号就是：别说你不行。”

——《今日人物》

我该怎么做？

1. 开始听古典音乐，这可以协调你的整个心智流程，特别推荐莫扎特、海顿、巴赫、贝多芬、马勒和斯特拉文斯基的音乐。
2. 为自己设想一项既雄心勃勃又务实可行的新挑战，并完成它，可以是专业方面的、文化方面的，也可以是个人生活中的（例如一项运动或爱好）。
3. 靠自己。不要等着别人帮你做或是替你做。
4. 铭记第五章中歌德给你的信息——“太初有为”，现在就行动起来吧。

认识大脑 | 74岁的狂热健身者

2019年，《形体》杂志发表了一篇文章，讲述了琼·麦克唐纳如何通过坚持有规律的健身，克服了多种健康问题。

70 岁时，她需要服用多种治疗高血压、高胆固醇和胃酸反流的药物。她的医生告诉她，她的健康状况每况愈下，除非她能彻底改变生活方式，否则就得吃越来越多的药。“我知道我必须做出改变，”麦克唐纳告诉《形体》，“我曾目睹我妈妈经历同样的事，不停地吃各种药，我不希望自己也过这种日子。”

麦克唐纳的女儿米歇尔是一位瑜伽导师、竞技举重运动员、专业厨师，同时也是墨西哥图卢姆健身俱乐部的老板，在米歇尔的帮助下，麦克唐纳开始步行锻炼、练习瑜伽和做力量训练。最初，她连举起不到 5 公斤的重量都很吃力，而且只会在能轻松承受的范围内锻炼，但她最终进步到每周 5 天去健身房，每天锻炼两个小时。麦克唐纳说：“我的动作速度很慢，所以几乎要花常人两倍的时间才能完成常规锻炼。”

麦克唐纳将她的成功归功于坚持不懈的锻炼，她在早上 7 点左右醒来后要做的第一件事就是开始锻炼。

第十三章

评估大脑的健康水准

普通人可以做什么来强化自己的心智能力呢？
重要的是要积极参与自己不熟悉的领域。
——阿诺德·沙伊贝尔，美国加州大学洛杉矶分校大脑研究所所长

现在，我们已经见识过了这样一群人，他们突破常规，挑战自我，拓展自己的心智视野。本章中我们将提供大量的智力测试、自我测验、能力测量表和新参数，来探索你的大脑健康水平到底如何。

我们将解释智力运动与脑力锻炼是如何让你的大脑在年龄增长的同时保持健康的。我们引用了加州大学欧文分校的研究，该研究表明，智力运动可以构建新的大脑回路，从而帮助预防阿尔茨海默病。

你的大脑健康吗？是否还有进步空间？如果有的话，有多大空间？在本章后面的部分，你可以从自我管理与时间管理、大脑生理健康、情绪稳定性、感性认知、记忆力和创造力等方面对自己进行测试，并找出答案！

认识大脑｜抓住机会

经营一家大型企业就像下国际象棋：需要大量的逻辑分析和抓住机会的勇气。

——《星期日泰晤士报》

智力运动与体育运动的益处

国际象棋是心智的体操。

——列宁

我非常支持智力运动，因为它们有助于完善思维的艺术。

——戈特弗里德·威廉·莱布尼茨

锡克教第六代祖师哈尔·戈宾德（16 世纪）鼓励他的追随者们强身健体，学习格斗技巧，并成为娴熟的骑手，以保护自己和他人的权利。锡克教徒被称为“Sant Sipa”，即圣战士。

——《泰晤士报》

国际象棋：西方智力运动之王

为什么人们认为智力运动，尤其是国际象棋很重要？答案是，纵观整个人类文化史，人们一直认为智力运动的能力代表了人的智力。智力运动在很多天才的人生中都发挥了至关重要的作用，而在西方世界的各种智力运动中，国际象棋是毫无疑问的王者。它是流传最广泛的智力运动，而且有记录最完善的理论支持。很多天才都对国际象棋给予了高度评价。歌德称国际象棋为“智力的试金石”。《一千零一夜》中被理想化的君主阿拉伯帝国阿拔斯王朝的哈里发哈伦·拉希德（约 763—809 年），是他的王朝中第一个下国际象棋的人。

据说，11 世纪时的拜占庭皇帝阿莱克修斯·科穆宁在下国际象棋时，意外遭遇了一场刺杀阴谋，而作为一名棋手，他自然成功逃脱了！

用国际象棋挑战心智能力的最佳方法之一，是破解棋局谜题，这些谜题在网上唾手可得，只需搜索关键词“国际象棋谜题”即可。

认识大脑 | 永远不会太迟

普通人可以做哪些事来强化自己的心智能力呢？关键在于要积极参与自己不熟悉的领域。任何具有智力挑战性的事，都可能刺激你的大脑，使神经树突生长，这也就意味着它将增加你大脑的计算力储备。

破解谜题、尝试学一种乐器、修理东西、尝试艺术、跳舞、与魅力四射的人约会、尝试桥牌比赛、下国际象棋，甚至参加帆船比赛。记住，研究人员一致认为，做新尝试永远都不会太迟。一生都应该保持不断学习的习惯，因为在这一过程中，我们会挑战自己的大脑，构建更多的大脑回路。从字面意义来说，这正是大脑运作的方式。

——阿诺德·沙伊贝尔，美国加州大学洛杉矶分校大脑研究所所长

童话中的阿拉丁在现实生活中也是一位国际象棋棋手，他是撒马尔罕的一名律师，在“跛子帖木儿”的宫廷中工作。生活于 14 世纪的帖木儿创立了帖木儿汗国，他征服了他所知的世界的一半地域。他喜欢下棋，并给儿子起名叫沙鲁克[1]，因为帖木儿的儿子出生时，他正在下棋并走了一步车。

另一位天才本杰明·富兰克林也是国际象棋的狂热爱好者。事实上，美国第一本关于国际象棋的出版物就是富兰克林的《国际象棋的道德》(*Morals of Chess*)，它出版于 1786 年。

1 沙鲁克（Shah Rukh）是波斯语，Shah 意为“统治者”，“Rukh”指象棋棋子“车”，是英语中“车”的单词“rook”的词源。——译者注

莎士比亚、歌德、莱布尼茨和爱因斯坦都提到过国际象棋，沙皇伊凡雷帝、英国女王伊丽莎白一世、叶卡捷琳娜大帝和拿破仑都对自己的国际象棋水平感到自豪。

在此，我们以国际象棋和其他智力运动的冠军们为例，向你展示如何培养自己的心智素质。

智力运动的发展

自 10 000 多年前人类文明诞生以来，人类历史中一直有关于智力运动的记录。古代文明最早的著作中就提到了类似井字棋的棋类游戏。随着文明的进步，智力运动的复杂性也在不断提高。

几个世纪以来，智力运动经历了令人着迷的发展史。现在的智力运动已经来到了一个关键点，它将使我们参与对抗、娱乐自己和思考自身智力的方式发生跨时代的重大变化。

国际脑力巨星

智力运动大型比赛奖金的增加反映了人们日益高涨的兴趣。1969 年，世界象棋锦标赛冠军的奖金约为 3 000 卢布（按当时的汇率计算约为 2 700 美元）。1990 年，加里 · 卡斯帕罗夫与阿纳托里 · 卡尔波夫争夺世界冠军时奖金为 200 万美元。自那时起，奖金几乎没有变化。2021 年世界冠军马格努斯 · 卡尔森和挑战者伊恩·涅波姆尼亚奇的锦标赛奖金为 200 万欧元（约 206 万美元）。

随着人们对国际象棋和其他智力运动的兴趣激增，人们对测量整体智力水平、参与智力运动，以及基于智力技能创建组织的兴趣也与日俱增。门萨高智商协会的飞速发展就是见证，仅在英国，门萨协会每年就要增加 2 000 多名会员。门萨会员们的主要爱好包括下国际象棋、做其他智力运动以及破解各种智力谜题。我们也见证了国际脑科学大赛越来越受欢迎。国际脑科学大赛由马里兰大学的诺伯特·米斯林斯基博士创办，是一项面向高中生的神经科学竞赛。由于志愿者们投入了很多时间和资源，它已经从一项草根活动发展成了一项成功的全球教育推广计划。

智力运动方面的世界纪录与体育项目的世界纪录类似，包括记忆圆周率小数点后数字的最多位数（几万位）、记忆打乱顺序的扑克牌的最快速度、最高智商、最高国际象棋等级分，以及其他在正式比赛中或者比赛之外完成的智力壮举。各种组织及专家小组会对这些纪录给予官方认可。

人们对智力运动的兴趣与日俱增。地方性、全国性和国际性比赛数量激增，几乎所有的主流报纸和杂志上都有关于国际象棋、桥牌和脑筋急转弯的文章和专栏，它们甚至还会出专题特刊。过去几年里，《泰晤士报》上的“智力锦标赛”（Tournament of the Mind）栏目和 BBC 电视台的《智力大师》（*Mastermind*）节目吸引了大量关注。成百上千的参赛者来到举办比赛的地方，参加国际象棋、桥牌、围棋、拼字游戏、大富翁和其他智力运动锦标赛，对智力运动方面的宣传资料、俱乐部、赛事及比赛场地的需求随之激增。

目前人类通过体育运动来表现自身能力的行为更为常见，与智力运动相比，体育运动的普及程度更高，但越来越多的证据表明，这并非人类与生俱来的偏好，只是因为人们缺乏机会来表现对智力运动同样的甚至是更浓厚的兴趣。随着信息技术和电子数据系统的发展，我们已经达到了一个新阶段，智力运动比赛已经可以像运动场上的体育比赛一样，被众多观众即时观看。世界国际象棋锦标赛可以通过互联网和电视网络向全球数十亿观众直播。

这种全球性的对智力运动世界锦标赛的兴趣，可以被看作一种人类大脑自然而然产生的兴趣——对自身功能以及设计游戏来测试自身功能极限的兴趣。这种现象在所有智力运动中都普遍存在，对不同智力运动爱好者的统计数据充分证明了这一点。

激发你的脑力

《自然》科学杂志上刊登的一项研究表明，体育锻炼和脑力锻炼都能使大脑在进入老年后仍保持敏锐。这可能有助于预防阿尔茨海默病和其他伴随衰老而来的心智类疾病。这项研究由加州大学欧文分校的卡尔·科特曼主持，它首次证明了体育锻炼与心智活动之间的直接联系，证明了锻炼可以增加大脑中的生长因子含量。大量证据表明，经常锻炼的人寿命更长，在智力测验中得分更高。科特曼的研究结果极大强化了体育锻炼在抗衰老过程中的必要性。科特曼说："大脑实际上和肌肉一样。你去锻炼它，它就会成长，就能处理更多的项目、更复杂的问题。"

科特曼在研究中使用老鼠做实验，因为它们的运动习惯与人类相似。这些老鼠可以自己控制运动量的大小，每只老鼠都表现出了独特的偏好。有些老鼠是懒惰的"沙发鼠"，很少上跑步机，而有些老鼠则是"跑步狂"，每晚都要强迫自己跑几个小时。那些喜欢运动的老鼠体内的脑源性神经营养因子（BDNF）含量要高得多，而这种因子对大脑的生长很重要。

似乎有一个理想的运动量阈值，可以带来最大的益处。科特曼的研究结果表明，过度运动的老鼠并没有比那些运动量在最佳水平左右的老鼠生长得更好。

减肥带来智力提升

与此同时，加拿大的一项研究发现，肥胖可能会引起睡眠障碍，从而导致学习功能障碍和显著的智商下降。南卡罗来纳医科大学查尔斯顿分校的心理学家苏珊·罗兹声称，肥胖会导致睡眠时大脑内的氧含量降低，原因可能是脂肪压迫呼吸道，也可能是更间接的对中枢神经系统的影响，而氧含量降低会导致脑损伤。她认为，肥胖者节食可能会逆转这种损害，减肥成功的人可能会变得更聪明。

最后，请记住：如果你正尝试发展一项新的具有挑战性的心智技能，例如思维导图、国际象棋或围棋等，或者正尝试改善饮食习惯或戒烟，请参考第四章中关于如何将根深蒂固的坏习惯转化为有益的新习惯的重要内容。元积极思维方式能够让人变得更好，你必须尽快开始。这是成功无衰变老策略的关键部分。

认识大脑｜研究表明人的心智在老年时也可以成长

目前，研究人员证明了，对于通常的健康人群来说，关键领域的智力并不会随着年龄的增长而衰退。

这项新研究挑战了科学家和公众长期以来的固有观念，表明在身体和情绪都保持健康的人群中，一些最重要的智力增长可以持续到 80 多岁。研究还表明，在某些情况下，智力下降是可以逆转的，而且之前关于脑细胞会随年龄增长而损失的观念是错误的。

无数智力强盛的生命可能过早凋萎了，因为他们误以为变老会导致不可避免的心智衰退。

“对心智衰退的预期是一种会自我实现的预言，”研究衰老问题的学者沃纳·沙伊夫表示，“那些不接受老年人必定衰老无助的刻板印象，认为自己在老年阶段也能像在生命中的其他阶段一样过得丰盈的人，不会在他们生命的终点到来之前变得衰老而无用。”

——《国际先驱论坛报》

你的大脑健康吗？

你的大脑健康状况如何？下面的问卷可以测试你的大脑能力，识别你在哪些领域有优势，在哪些领域还需要改进。

根据你的答案圈出每道题中相应的得分，然后算出各个部分的总分。

自我管理与时间管理	是的	不确定 / 有时是	不是
1. 你对自己想要的生活有清晰的愿景吗？	2	1	0
2. 你是否记了几十页的“待办事项”，给了自己很重的负担？	0	1	2
3. 你守时吗？	2	1	0
4. 你在日记中会使用图像、符号和颜色吗？	2	1	0
5. 你经常感到有压力吗？	0	1	2
6. 你喜欢做计划吗？	2	1	0
7. 你为自己安排了定期的假日或休息吗？	2	1	0
8. 如果你不工作，你会感到内疚吗？	0	1	2
9. 你会以年为单位来记住自己的生活吗？	2	1	0
10. 你会经常回顾自己的生活吗？	2	1	0
11. 你通常会期待明天吗？	2	1	0
12. 看自己的日记会让你觉得受到威胁吗？	0	1	2

大脑生理健康	是的	不确定 / 有时是	不是
1. 你会吃（而且喜欢）大量糖或盐吗？	0	1	2
2. 你经常吃新鲜的蔬菜和水果吗？	2	1	0
3. 你吃很多深加工食品吗？	0	1	2
4. 你是否明显超重或体重过轻？	0	1	2
5. 你经常锻炼并享受锻炼过程吗？	2	1	0
6. 你定期进行体检吗？	2	1	0
7. 你过量饮酒吗？	0	1	2
8. 你是否经常服用药物？	0	1	2
9. 你喜欢烤制食品超过油炸食品吗？	2	1	0
10. 你的饮食多样化吗？	2	1	0
11. 你每天喝 6 杯以上的茶或咖啡吗？	0	1	2
12. 你吸烟吗？	0	1	2

情绪稳定性	是的	不确定 / 有时是	不是
1. 你自信吗？	2	1	0
2. 你能哭出来吗？	2	1	0
3. 你经常生气吗？	0	1	2
4. 人们普遍认为你是一个快乐的人吗？	2	1	0
5. 你能与人维持长久的友谊吗？	2	1	0
6. 你是否时常感到无助？	0	1	2
7. 对你来说生活是一种负担吗？	0	1	2
8. 你和家人相处融洽吗？	2	1	0
9. 你会把自己的感受说出来吗？	2	1	0
10. 你喜欢触摸和被触摸吗？	2	1	0
11. 别人感到快乐的时候，你也会感到快乐吗？	2	1	0
12. 你通常会隐藏自己的恐惧不让别人知道吗？	0	1	2

感性认知	是的	不确定 / 有时是	不是
1. 你喜欢跳舞吗？	2	1	0
2. 你经常欣赏电影、戏剧、绘画和音乐吗？	2	1	0
3. 你能清晰地回忆见过的视觉信息吗？	2	1	0
4. 你能清晰地回忆气味和口味吗？	2	1	0
5. 你能清晰地回忆声音、触觉和身体动作吗？	2	1	0
6. 你吃饭是为了活着，而非活着是为了吃饭？	0	1	2
7. 你感性吗？	2	1	0
8. 你喜欢和小孩一起玩吗？	2	1	0
9. 你喜欢自己的身体吗？	2	1	0
10. 你喜欢大自然吗？	2	1	0
11. 别人认为你穿着得体吗？	2	1	0
12. 你讨厌开车吗？	0	1	2

记忆力测试 1：长期记忆

按照与太阳距离从近到远的顺序，在下方写出太阳系八大行星的名称。

1. ______________________________
2. ______________________________
3. ______________________________
4. ______________________________
5. ______________________________
6. ______________________________
7. ______________________________
8. ______________________________

记忆力测试 2：同步学习与回忆

浏览以下词语，然后按下方说明行动：

1. 笼子	9. 的	17. 那个	25. 将会
2. 精确	10. 那个	18. 木头	26. 害怕
3. 他的	11. 那个	19. 门	27. 加入
4. 平底锅	12. 的	20. 玻璃	28. 天花板
5. 脚	13. 宽	21. 的	29. 顶部
6. 页	14. 列奥纳多・达・芬奇	22. 的	30. 手指
7. 高	15. 下雨	23. 转向	31. 火
8. 和	16. 小小的	24. 上	

不看这些词语，把你能记住的词语尽可能多地写出来，然后按（后面的）规则计算得分。

创造力测试

在开始之前，请确保你准备好了纸笔和计时器，然后进行以下操作：

橡皮筋可能有什么用途？限时一分钟，尽可能快地写出你能想到的所有答案。

你的大脑健康吗？下面是答案

自我管理与时间管理

得分：

18~24 分：非常好。你做事情的效率已经非常高了。

12~17 分：不错，但还有很大的改善空间。

6~11 分：你可以（而且应该）更加努力。

0~5 分：你没能利用好大脑和身体的全部能力。

大脑生理健康

得分：

18~24 分：非常好。你为大脑提供了蓬勃生长所需的一切条件。

12~17 分：不错，但你对自己大脑的照顾可能不如你自己想象的那么好。

6~11 分：你低估了身体健康对保持头脑敏锐的重要性，这可能会让你的心智能力受损。

0~5 分：你正在以生理虐待的方式削弱自己的脑力。改变生活习惯，给大脑一个机会吧。

情绪稳定性

得分：

18~24 分：你的情绪非常成熟稳定。

12~17 分：你总体上是成熟的，但在情绪方面继续努力仍会有好处。

6~11 分：你对自己的评价太低了，这是错的。

0~5 分：你需要注意情绪方面的问题了。

感性认知

得分：

18~24 分：非常好。你的生活在感知、文化和身体方面都非常平衡，你的大脑也会因此受益。

12~17 分：不错，你可以在当前基础上继续努力。

6~11 分：平均分，但不是特别好。请记住，比起枯燥的理论，心智领域还包含更多的东西。

0~5 分：你的大脑正面临缺乏刺激的危险。去享受生活吧！

记忆力测试 1

答案：

水星、金星、地球、火星、木星、土星、天王星、海王星。每一颗按顺序正确列出的行星得一分。

得分：

8~9 分：非常好。

6~7 分：不错，远高于平均水平。

4~5 分：仍高于平均水平。

2~3 分：平均水平或略高于平均水平。

1~2 分：虽然令人惊讶，但只得一两分也很正常。

我们的大脑在学校教育和日常生活中都了解过太阳系各大行星的顺序，因此这项测试得分普遍较低可能是因为我们没有接受过使用长期记忆的训练。

记忆力测试 2

得分：

你可能会发现，你至少能记起一个重复的词语（的、那个），记得列奥纳多·达·芬奇（因为它与众不同），而且在其他的词语中，你记得比较多的是那些在开头和结尾出现的词，或是位置在中间，但在某种程度上互相关联或对你来说有特殊意义的词。如果你能记住所有的词，那么你的记忆力可以称得上是出类拔萃了。如果没记住，也不需要担心。但如果你觉得记住这样的词语列表完全超出了你的能力范围，那你就错了。学习本书中的方法后，你会发现你能做到。

创造力测试

得分：

根据 E. 保罗·托伦斯的研究，这项创造力测试的得分（每想到一种用途得 1 分）水准为：从最低的 0 分开始，3~4 分为平均水平，8 分为优秀，12 分为罕见的高分，达到 16 分则可称得上是创造力卓越。

结论

我们的大脑健康调查问卷可能帮助你发现了你想要改变或改善的生活领域。它们可能包括：变得更加果断、养成更健康的饮食习惯、开始做有氧运动，或者提高记忆力和创造力。要为自己设计成功的无衰变老策略，上面提到的这些内容都是有帮助的。

完成本测试后，你如果下定决心想改变自己某方面的生活习惯，可以回顾一下我们将根深蒂固的坏习惯转变为新的好习惯的办法（参阅第四章）。记住元积极思维的力量——让自己变得更好的力量。

托伦斯测试

托伦斯的创造力测试（见前文）旨在评估受试者发散性和原创性思考的能力。受试者的成功与否将通过以下几个发散性思维的维度来体现：1. 流畅性；2. 灵活性；3. 原创性；4. 阐释性。

1. **流畅性**，体现为受试者能够轻松快速地以流畅的方式产生创意，无论这些创意是不是自然而然出现的。
2. **灵活性**，代表受试者运用丰富多样的策略，提出不同类型的创意，并从一种思维方式转换到另一种思维方式的能力。
3. **原创性**，代表产生少见、独特、与正常或普遍想法有极大差异的创意的能力。一个原创性很强的人可能会被认为不合群，但这并不意味着他会有反复无常或鲁莽冲动等性格弱点，恰好相反，原创性强的人往往能够很好地控制其智力能量。原创性强通常表明此人具有高水平的集中精力的能力。具有原创性思维的人更有可能是打破陈规旧习的叛逆者。

4. **阐释性**，托伦斯认为，在阐释性方面得分较高表明受试者能够发展、渲染、美化、执行或以其他方式阐释想法。这些人可能会在观察力方面表现得较为敏锐。

迄今为止，世界上经认证的正式托伦斯测试结果中，得分最高的是本书作者之一东尼·博赞，他的原创性得分为满分，全部 4 项评估类别的总得分比一般的测试得分高 3 倍。在打破托伦斯测试的世界纪录之前，东尼的准备工作包括锻炼身体、磨炼画思维导图的能力，以及锻炼记忆能力。

创造力和其他心智技能一样，是可以教授和学习的。

世界记忆锦标赛的项目

以下是世界记忆锦标赛中使用过的一系列挑战项目，括号内标明了锦标赛中的项目限时。你如果想自己尝试其中任何一项，找一位朋友来帮助你，让朋友充当考官。

记忆随机词语（15 分钟）

考官准备大量随机词语，每 50 个一组，用 1 至 50 的数字为这些词语编号。参赛者阅读词语后，按原顺序回忆并写出词语。每一组的得分标准如下：完全正确得 50 分，有一处错误得 25 分，超过一处错误得 0 分。将参赛者完成的各组分数相加得出总分。

记忆口述数字（30 分钟）

考官以随机顺序朗读 1 到 100 的 100 个数字，参赛者听完之后必须按照朗读时的顺序回忆并写下它们。参赛者在首次犯错之前正确回忆出来的数字数量就是得分。所以如果你按正确的顺序回忆出了前 30 个数字，而第 31 个数字错了，你此次的得分就是 30 分。重复 3 次这个过程，只记其中最高的一次得分。

回忆扑克牌顺序（一小时）

参赛者有一小时的时间来尽可能多地记住 12 副扑克牌的顺序。完全正确地回忆一副牌的顺序可得 52 分，只出一次错得 26 分，超过一次错误得 0 分。

快速回忆扑克牌顺序（5 分钟）

考官洗好一副扑克牌，交给参赛者。将秒表设置为零并在参赛者开始看牌时启动计时。参赛者记牌完成时举手，秒表停止，然后参赛者开始回忆扑克牌顺序。根据参赛者能够正确回忆顺序的扑克牌数量确定得分，例如，参赛者在一分钟内记住了整副扑克牌，但回忆时未能记起正确的第 25 张牌，则得 24 分。

记忆诗歌（15 分钟）

参赛者需要阅读一首 40 行的专门为此次比赛创作的诗歌，然后把这首诗歌全部默写出来，包括标点符号。如果参赛者在某一行诗中出现了任何的错误，则该行不得分，每完美默写出一行诗得 1 分。

1995 年在伦敦举行的世界记忆锦标赛中，记忆诗歌项目使用了下面这首诗，它被刻意设计成难以记忆的形式。这首诗是已故的英国桂冠诗人特德·休斯专门为此次比赛创作的。

被涂黑的珍珠

一只烧焦的寒鸦，厚颜无耻

无视人的高低贵贱，啄下你肩章上的

心形饰物。用来磨他的喙

一个沉睡的人试图醒来。一座火炬之城

将有双重脊背的野兽

越发幽暗的阴影

投射进他炽热的双眸。看，那漆黑的大海

如舰队般移动，其势险恶

以天空为旗帜，其上有一颗星星

还有一弯新月。一位非洲的女巫

在露水中舞蹈的足迹形成了

一颗五角星。而一位蒙目的父亲，

于其中步履蹒跚如陀螺，伸手

向虚空试图抓住
他躲闪的女儿。他给她一个钱包
塞满威尼斯达克特金币
与家族世代相承的珍珠。一只黑手
从他手中夺走钱包。有分瓣蹄子的男人，
戴着魔鬼的面具，牵着一头驴
匆匆离去。看，海上雷霆
将一个箱子扔上岸，里面洒出了财宝，
鳕鱼头和鲑鱼尾。但蜘蛛
收网，捉到了它想要的——一只苍蝇！
他的面具扭曲，他并没有晕船。
满腹毒药，他带头
饮酒与歌唱，直到两个醉汉
把一口巨大的钟滚下山。
一个黑衣恶魔从钟里跳出来，怒不可遏，
用风笛的破布鞭打每个人
然后要求完全的寂静——寂静出现
如同一位穿着睡袍的新娘。
她肩上停着的一只鹰
溜走了，躲在树篱后，留下她
把烤鸡喂给绿眼怪物。
一只蟾蜍，被咀嚼后吐出来，
爬到她的手帕上蹲下，

咀嚼着草莓。一颗牙齿
在睡梦中穿过房子
痛苦地尖叫，胡言乱语地泄露秘密。
一道闪电中，两个人跪地祈祷——
他们就像两只木乃伊的手在用餐巾
擦去彼此的汗。像一只渡鸦
坐在强直性癫痫者身上。像一条狗
啃咬并吞下一只鼻子。像一只眼睛
流下由燃烧硫黄构成的泪水。现在全世界，
胸前的一颗珍珠吊坠，
落在忍冬花之下，全世界皆被香气迷醉。
连忍冬花自身都昏昏欲睡
一只戴着手套的手在柳树荫下
拔出一把剑，一人倒下，
被鸽子击中。一朵红玫瑰，盛开
红色变深直至变黑，而后黯淡失色。
一张床，由两个已死的女人操纵，
在液体火焰的大瀑布边缘
上方倾斜。黑手向我们敬礼
把一颗珍珠扔进火池里
而后跳进去追它，火中有一只蝾螈，
眼睛碧绿，大小如鳄鱼，
在深不可测的火焰中游走，抓住尸体——

他们的清白与罪孽同样辛辣。

多米尼克·奥布莱恩、乔纳森·汉考克等记忆冠军在这类比赛中经常能在规定时间内获得满分，但经常影响他们拿到满分的就是诗歌部分，因为要回忆起这样的诗歌往往是最困难的。

我该怎么做？

1. 学习一项智力运动，例如国际象棋、围棋或桥牌。你可以和朋友一起玩，也可以参加竞赛，还可以试着解开报纸和杂志上的国际象棋谜题等，以此来锻炼你的大脑。
2. 使用第十一章中讲到的经典的记忆剧场技巧，磨炼自己的记忆能力。
3. 对你面临的状况或问题提出独到的观点。利用思维导图展开联想，为自己提供新的角度和立场，释放自己未开发的创造力。这样，新鲜的创意就会不断涌现。
4. 尝试一下我们提到的记忆锦标赛项目，请朋友或家人帮忙。记忆随机词语和记忆口述数字这两项测试尤其需要与人合作进行。
5. 如果你是首次尝试记忆一副扑克牌，给你一个提示：使用经典的记忆技巧——例如，记忆剧场——给每张牌分配一个个性和一个要扮演的角色，然后翻看这副扑克牌，把这些牌编进你的故事里。

认识大脑 | 智力运动技能对职业发展至关重要

如果你想要在职业发展的道路上走得更远，双陆棋、桥牌或国际象棋的技能很可能比你的大学学位或社会关系更重要……卓越的智力运动能力是相当准确的预测成功的指标——也许比哈佛的工商管理硕士学位更准确。

无论是桥牌、双陆棋还是国际象棋，顶级智力运动比赛中培养出的技能和特质对商业活动来说都至关重要。这些技能和特质包括：纪律性、记忆力、在压力下保持冷静、心理洞察力、即使短期内持续亏损也愿意坚持策略的意志，以及快速直观地计算概率（抓住机会并平衡风险与回报）的能力。

——《福布斯》杂志

第十四章

迈向新挑战：未来的老龄新生活

你无法对抗未来。时间站在我们这一边。

——威廉·格莱斯顿

到目前为止，本书主要关注的是你作为个体的无衰变老历程。在本书最后一章中，我们将根据对社会整体前进方向的分析，对未来做出预测。

我们审视了对未来的各种设想：一方面，可能出现过早强制退休、国家无力供养老龄群体等问题；另一方面，我们可以在变老的同时保持生活自理能力，科技也可能帮助我们战胜看似天生注定的寿命极限。我们甚至探讨了通过纳米技术和基因工程实现虚拟永生的可能性，这一发展方向喜忧参半。我们将为你展示，随着人渐渐变老，人生的前路不会越来越闭塞，而会越来越开阔。你要做的就是抓住新出现的机会，不断激励自己，充分发挥自己的潜能。

认识大脑 | 未来愿景

医学和技术取得了巨大进步。通过绘制人类 DNA（脱氧核糖核酸）图谱，人类可以消除大多数危及生命的癌症……妇女到了 70 多岁仍能生育。

——BBC 电视剧《明日世界》

开放前沿：指数级变化的未来

我们生活在一个加速变化的世界。远古海洋的淤泥中，那些原始的细菌花了数十亿年才进化成动物的形态。此后，恐龙花了几亿年才成功进化并统治地球，然后又突然灭绝了。人类经历了几百万年才建立起统治地位和文化，令人难以置信的是，我们直到最近 200 多年才创造出比马匹或船只更快的运输方式。在过去的半个多世纪里，科学发展日新月异：人们先是发现了原子能，然后太空航行、微型计算机、互联网等纷纷出现。而直到最近，我们才开始了解自己大脑的工作原理。

我们未来的社会存在模式，在医学、经济、环境和技术等方面，都有望发生更加迅猛的改变。我们甚至可以期待通过应用纳米技术在分子水平上改变人体系统，重新排列身体物质构成，改写遗传密码。

本章中，我们将探讨一些关于未来的愿景，并研究人口老龄化可能带来的风险与挑战。

首先，请看以下这些麻省理工学院马文·明斯基教授发表的观点。明斯基教授被公认为人工智能领域的先行者之一。我们在波士顿对他进行了访谈，当时他在主持第二届国际跳棋人机对抗锦标赛，本书的两位作者参与了这场赛事的组织工作，两位参赛者分别是马里昂·廷斯利和“奇努克”计算机跳棋程序。

> 每个人都希望拥有智慧和财富，但我们可能还没来得及实现这些目标，身体就已经衰竭了。为了延长生命并提升心智，我们需要改造自己的身体和大脑。为此，我们必须首先了解常规的进化过程是如何让我们发展到今天这个程度的。然后，我们可以展望未来的技术，希望技术能提供身体磨损部件的替代品，解决大多数健康衰退的问题。接下来，我们将强化大脑能力，并最终用纳米技术取代大脑来寻求更高的智慧。在摆脱了生物学的限制之后，我们就得决定自己的生命长度——永生也是选项之一——并在其他现在难以想象的能力中做出选择。在这样的未来，获得财富不再是问题，问题在于如何控制财富。显然，这种变化难以想象，很多思想家仍然认为这种程度的进步是不可能实现的，尤其是在人工智能领域。但实现这样的转变所需的科学已经开始发展，现在是时候考虑一下

新技术会在人类社会中扮演什么样的角色了。

近代以来，我们学到了很多关于健康和如何保持健康的知识。我们有成千上万种治疗各种疾病和残障的方法。然而，我们似乎还没能延长自己的寿命上限。

本杰明·富兰克林活了84岁，除了民间传说里的人，当时从未有人能活到他寿命的两倍。根据加州大学洛杉矶分校医学院病理学教授罗伊·沃尔福德的估计，古罗马人的平均寿命约为22岁，1900年的发达国家人均寿命约为50岁，如今则约为75岁。不过，似乎每条寿命统计曲线中最高的寿命都在接近115岁时急剧终止。几个世纪以来，医疗保健水平的提升并没有对人类有可靠记录的最高寿命——120岁——产生任何影响。

少数百岁老人已经突破了120岁的大关，但我们的寿命似乎确实有上限。为什么呢？明斯基教授继续说道：

答案很简单。自然选择的过程对那些会留下最多后代的基因有利。这种优势往往会随着世代数量的增加呈指数级增长，因此那些在较早年龄繁殖后代的基因更容易流传下来。此外，进化过程通常不会对那些能够延长人的寿命，使其超过照顾后代所需年龄的基因有利。事实上，进化过程甚至可能会偏好那些无法使人的寿命延长，所以后代不需要与仍在世的父母竞争的基因。这种后代与父母的竞争甚至可能会使那些能导致死亡的基因流传并积累下来。

例如，地中海章鱼会在产卵后立即停止进食，直到饿死。不过，如果摘除这种章鱼体内的某个腺体，章鱼就会继续进食，而且寿命达到原来的两倍。很多其他动物在停止繁殖后也会很快死亡。人类和大象等长寿动物是例外，因为长寿动物的族群会传播世代积累的知识，后代可以从父母那里学到很多东西。

我们人类似乎是恒温动物中最长寿的。人类如今的长寿可能是什么样的自然选择压力的结果呢？这与智慧有关！在所有哺乳动物中，婴儿是最缺乏独立生存能力的，所以人类的后代需要父母照顾并传授生存技巧。为什么我们的寿命往往能达到其他灵长类动物的两倍？也许是因为人类的幼崽实在是太无助了，所以我们也需要祖父母的智慧。

无论未知的未来会是怎样的，我们已经开始改变那些造就我们的规则了。尽管大多数人都会害怕改变，但另一些人肯定想要摆脱目前的寿命限制。我在几个讨论组中试着提出了这些想法，并让人们以非正式调查的形式做出回应。我惊讶地发现，至少有3/4的人不喜欢寿命延长的前景。很多人似乎觉得我们现在的寿命已经太长了。“为什么会有人想活500年？”“活太久不会很无聊吗？”“如果你比所有朋友都长寿怎么办？”“在那么长的时间里你要干些什么？”

我的科学家朋友们很少表现出这样的担忧，他们觉得："我有无数想要去发现的东西，无数想要去解决的问题，我可以用几个世纪的时间去做这些事。"当然，如果永生意味着无尽的虚弱、衰老和被迫依赖他人生活，那么它就没有吸引力了——但我们这里假设的是在完美健康状况下的永生。

以上是一位站在当前老龄化思考前沿的顶级科学家提出的引人入胜的见解。接下来，我们将探讨其他的未来愿景。

认识大脑 | 未来的另一种愿景

一种对未来的愿景困扰着西方世界：老年人口日益增多，公共支出的需求日益增大，使社会难以为继。在英国、德国、日本、美国、法国和意大利等国家，人们预测在 21 世纪后期的某个时间点，劳动人口将会少到无法养活数量和年龄都越来越大、身体越来越弱的老年人群体。政府如果要把债务保持在可控范围内，要么必须增加税收，要么必须降低养老金。

——《泰晤士报》

就个人层面而言，答案当然是创办自己的企业，而且永不退休。

展望未来

现在，保持身心健康也许比过去几十年更重要，只有这样才能在晚年过上高质量的生活。在本节中，我们将对可能影响你晚年生活的商业、社会和政府等几个关键领域的变化做出一些预测。这种提前预警并不是想让你对未来感到恐惧，而是想激励你趁还有机会让未来结果变得更好的时候，为这些变化做好准备。

随身退休金计划。你如果想知道未来的趋势，可以看看加利福尼亚州的情况。“加州储”（CalSavers）项目是一个强制性的退休金项目，要求所有雇用了5名或5名以上员工的雇主为员工提供退休金计划，或者注册“加州储”计划，以便员工向个人退休金账户缴费。“加州储”计划与员工本人绑定，确保员工即使换工作也能获得较高的退休金保障。尽管我们建议你永远不要退休，但拥有足够的退休金会让你能够自由地在晚年生活中追求你想要的机会，而不是只能被动地接受任何现有的工作机会。

不断增长的零工经济。你会经常换工作——所以要发展多种多样的才能。按流行的职场黑话说，你得拥有一套“技能组合”，其中肯定要包括精通计算机，还要有一些编程技能。你仍然要有专长，但同时也需要擅长多个领域。例如，如果营销主管的知识局限于汽车行业，他们的位子就很不稳固。他们最好能够再学习一下计算机和编程方面的技能。我们的建议是，你可以按需工作一两年，然后经历一段时间失业——有时是你的主动选择，把失业作为一次职业生涯中途的休整。

政府出资的退休金和医保。别指望了。随着人口老龄化的加剧，能够为这些项目支付费用的年轻劳动人口越来越少，越来越多国家的政府不得不借钱来支撑这些福利项目。我们已经看到越来越多的新闻报道说这类项目最终会不可避免地破产。即使这种项目仍有偿付能力，政府也需要减少福利支出，要么缩减福利，要么提高退休年龄。这就意味着别指望政府来照顾你的晚年生活了。

房子——是租还是买？你还是会想要买一套自己的房子，但在有孩子之前，你可能会有更长的时间要租房。当买房子时，你要小心翼翼地选择，避免因抵押贷款而不堪重负。你要找那些周围绿化率较高的房产，绿化带来的溢价将越来越高。通信方面的便利度几乎与火车和公共汽车等交通工具一样重要。

能源成本不断上涨。发展廉价的清洁能源是我们的目标，但这不能以影响生存为代价。随着供应量减少和政府不鼓励使用化石燃料，石油和天然气的成本将继续上升。与此同时，向生产清洁能源的技术过渡以及建设输送能源的基础设施都将继续推高能源成本，从而使一切东西的成本上涨。如果你正在考虑靠固定收入退休，这些不断上涨的成本可能会严重破坏你的计划。

认识大脑 | 年轻成功者增多，职业生涯变化巨大

俗话说，人生 40 才开始，对于越来越多有雄心壮志的人来说，职业高峰同样在 40 岁开始。如今我们正目睹人们的职业生涯令人难以置信地缩短——很多 40 岁出头的人担任了过去只有五六十岁的人才能得到的职位。如今，似乎不仅摇滚明星、网球运动员和警察很年轻，连总理、反对党领袖和商业银行的高管们也都很年轻。

当这些仍然年轻的高级管理人员失去工作动力和积极性时，他们会做什么？在高层任职十来年之后，再去策划一场永久性的商业革命肯定会令他们感到乏味，但他们离退休年龄还很远。他们的职业生涯不会像他们的父辈一样呈楔形：从 20 多岁到 60 多岁逐渐晋升，然后突然退休。新的职业生涯是三角形的，顶点在中间。

人们应对这种职业生涯下降趋势的方式差异很大。有些人会很高兴，他们终于可以去钻研以前无暇投身的兴趣了。有些人可能会通过从事咨询行业、兼职董事长和董事职位等“组合”工作方式过上体面的生活。

然而，其他人可能会感到痛苦。“问题在于，大多数人都无法离开逐步升迁的职场阶梯，直到他们从阶梯上摔下来。有时人们担心退休后会很孤独，没有什么事

情可做。这种前景非常可怕。”

——《泰晤士报》

好消息：你会活得更久。现在，男性的平均寿命达到了74岁，女性平均寿命为80岁，但很明显我们中有很多人寿命会更长。未来，人类的平均寿命将延长到一个目前无法确定的年龄。总的来说，越来越多的人会减肥，吃更健康的食物（少吃糖和乳制品，多吃沙拉和新鲜水果），并花更多时间运动。

人们生活方式变化的总体趋势显然在朝个人自力更生的能力更强的方向发展。

结语

我们现在来到了结论部分，该总结本书要传达的核心信息了。在前面的章节中，我们已经向你展示了如何在变老的同时从生理上改善你的大脑状况，并解释了为什么你的记忆力并不一定会随着年龄增长而衰退——事实上，它可以变得更好，也应该变得更好。我们展示了重要的锻炼心智能力的技巧，例如运用 TEFCAS 模型、元积极思维、思维导图和助记技巧等，还强调了自我挑战是无衰变老策略的重中之重。我们还向你介绍了一些突破常规衰老过程的叛逆者，他们在晚年不断挑战自我。你也可以取得像他们一样的成就，这就是你的未来！

设计你自己的不老大脑策略

请记住本书最重要的一课：你的脑细胞并不会无可避免地每天持续死亡。真正重要的是你大脑神经细胞之间的连接数量，以及你展开联想和学习新事物的能力。它们都可以持续增长。

无论在什么年纪，你的大脑受到的刺激和挑战越多，它取得成就的潜力就越大。最新的医学研究成果表明，要预防阿尔茨海默病、痴呆和中风，刺激大脑是最佳的方法。

实际操作步骤

关注自己的身心健康。要记住：大脑与身体的健康状况是一体的。你如果抽烟，先试着减量，然后完全戒烟。你如果酗酒，减少饮酒量。每年要做一次全面体检。向医生咨询你的理想体重是多少，然后努力达到理想体重。要开始进行体育锻炼，并通过参与国际象棋、拼字游戏、国际跳棋、桥牌或围棋等智力运动来提升心智能力。

要意识到自己大脑的惊人力量。人类的大脑是整个世界上我们已知的最复杂的结构。使用思维导图来运用和调动你大脑皮质的全部资源和技能，从而组织你的思维，帮助你进行沟通，提高你的记忆力，帮助你回忆重要的事实和想法。

请记住：你学得越多，就越容易学习更多东西。请按照第三章中的简明提示来快速阅读，并使用助记技巧来提高记忆力。

改变自己的习惯

运用元积极思维和 TEFCAS 来改变自己，让自己变得更好，抛弃根深蒂固的坏习惯，养成新的好习惯。使用 TEFCAS 模型：尝试、事件、反馈、检查、调整、成功。

请记住元积极思维的主旨：任何时候开始都不晚。无论你是要开始一项新的挑战性脑力锻炼，开发一项新技能，培养超强记忆力，尝试一种新形式的体育锻炼、运动或格斗术，还是要开始减少饮酒、吸烟或暴饮暴食，什么时候开始都不晚。

总之，随着年龄增长，你要致力于成为一个突破常规衰老过程的叛逆者。

托维解决方案

下面，我们从已故的英国著名情报分析师布莱恩·托维爵士的精彩人生经验中提炼出了 6 条黄金法则，你在变老并开始追求更多成就时，可以遵循这些法则。

1. 保持身心健康状况始终处于巅峰状态。
2. 做好准备，迎接变化。
3. 挑战自己。为冒险和重塑自己做好准备。
4. 无论年龄多大，都要勇于主宰自己的人生。
5. 尽可能与充满爱心、愿意支持你的盟友合作。
6. 热爱你所做的事，做你所热爱的事。永不退休！

了解真相，打破误解

在一张白纸上，画出你心目中有关“变老”的形象。

在过去 20 年进行的长期调查中，数以万计的调查对象被要求画出他们心目中与“变老”相关的形象，其中 80% 以上的人画的都是负面形象。然后，调查者又问这些人，他们是否认识一些年龄至少 75 岁，却并不符合他们画出的负面形象的人。令人鼓舞（而且并不奇怪）的是，几乎所有人都举起了手，这就表明有很多人都是第四章中提到的统计异常，即突破常规衰老过程的叛逆者。

正如你现在已经知道的，大脑会被它所感知的形象而吸引。如果你以病态和压抑的方式去看待变老这件事，你就会下意识地把自己的生活引向这个方向，就像一枚导弹径直飞向毁灭。

如果你发现自己画了一根拐杖、一个骷髅头或一块墓碑，在这个形象周围画个圈，并在旁边打上一个感叹号，请你记住这个画面，这是你最后一次以这种方式看待变老。你理想中“变老”的形象应该是一张笑脸、一个环球旅行家、一个健康而感性的人、一个运动员、一个登山者或者一个千万富翁！

本书导言中提出的所有问题现在都有了答案，我们为每一个问题都提供了简明易懂、积极向上、切实具体的解决步骤——其中没有任何一个步骤过于晦涩、不易理解或难以实现。本书的每一位读者都会发现本书蕴含的鼓舞人心的信息，它鼓励你随着年龄增长而不断进步，并直截了当地向你展示了如何靠自己的力量做到这一点。

脑的世纪

美国前总统乔治·W. 布什将 1990 至 1999 年定为“脑的

10 年”，目的是“提升公众认知，让人们意识到大脑研究的益处”。我们赞赏任何为了提高人们对大脑健康的认知和鼓励人们关爱大脑而做出的努力，但这 10 年时间只是一个开始。我们宣称 21 世纪为“脑的世纪”。

科技发展使大脑研究领域取得了飞跃性的巨大进步，我们对大脑的结构和功能有了越来越深入的了解。前些天，我们读到了发表在 2022 年 1 月《美国国家科学院院刊》上的一项研究，南加州大学的一个研究小组成功地以可视化的方式展现了实验室中鱼类大脑记忆的形成过程。现在我们可以实时看到神经元网络是如何对感知和体验做出反应并不断发展的。

我们鼓励你关注大脑健康、功能和发育方面的最新研究。这不仅能在你了解信息动态的同时刺激你的脑细胞，还能为你提供必要的鼓励和动力，帮助你继续构建并强化你的神经网络。

拓展阅读

雷蒙德·基恩著作

国际象棋大师雷蒙德·基恩撰写了 85 本关于国际象棋和智力运动的书，其中我们特别推荐以下几本：

《理解卡罗－卡恩防御》（*Understanding the Caro-Kann Defense*）。这本国际象棋学术著作由三位国际特级大师和两位国际大师共同编著，深入解读了卡帕布兰卡、鲍特维尼克、彼得罗辛和卡尔波夫等冠军最喜爱的防御战术背后的思考。

《侧翼开局——列蒂开局、加泰罗尼亚开局、英吉利开局和王翼印度进攻综合棋谱（第四版）》（*Flank Openings: A Study of Réti's Opening, the Catalan, English and King's Indian Attack Complex: Fourth Edition*）。传统国际象棋开局强调对棋盘中部的控制。侧翼开局是由理查德·列蒂和阿伦·尼姆佐维奇等棋手开创的开局体系，这一体系中白方（先行）棋手将中部的控制权让给黑方，然后试图通过从两侧攻击来破坏对手中部的局势并使之崩溃。雷蒙德·基恩在此书中解释了侧翼开局系统背后的概念和思考。

《巴茨福德国际象棋开局 2》(*Batsford Chess Openings II*)。这是一本关于国际象棋开局的标准参考书。这本书自 1982 年第一版出版以来，累计销量已超过 10 万册。这本书为雷蒙德·基恩与世界国际象棋冠军加里·卡斯帕罗夫合著。

《国际象棋入门》(*Chess for Absolute Beginners*)。这本书是儿童和成人学习国际象棋的理想入门读物，配有简洁、清晰、易懂的彩色图解，由艺术家巴里·马丁绘制。

雷蒙德·基恩与东尼·博赞合著的著作

《博赞的天才之书》(*Buzan's Book of Genius*)。这本书提供了所有能够让你发挥潜能、充分利用自身心智技能的建议。

东尼·博赞著作

《思维导图完整手册——零基础快速掌握思维导图》(*Mind Map Mastery: The Complete Guide to Learning and Using the Most Powerful Thinking Tool in the Universe*)。这本书是一部由思维导图创始人所著的全面指南，提供了令人兴奋的新方法，

帮助你在规划和组织各个层面的思维时，运用并提升你的记忆力、专注力和创造力。

《启动大脑》(*Use Your Head*)。这是一本由 BBC 推出的经典畅销书，销量已超过 100 万册。思维导图的创始人在这本书中为你提供了基础学习技巧，并向你讲解了其用法。这本书提供了有关大脑功能的最新信息，可以让你学会如何更有效地学习。

《超级记忆》(*Use Your Memory*)。这是一本与大脑相关的记忆技巧的百科全书。它提供了易于掌握的记忆技巧，帮你记住姓名、长相、地点、笑话、电话号码以及一切你想要记住或者需要记住的东西。

《快速 / 范围阅读》(*Speed/Range Reading*)。它将帮你提高阅读速度，同时保持良好的理解能力。许多自测和实践练习贯穿全书。

《开发你的脑力》(*Make the Most of Your Mind*，平装本)和《驾驭副脑》(*Harnessing the Parabrain*，精装本)。这两本书提供了关于阅读、记忆数字技能、逻辑、视觉、听力和学习的完整课程。通过阅读这两本书，你可以习得完整的思维导图有机学习技巧。